T0259831

Die ISO 9001:2015 – Ein Ratgeber für die Einführung und tägliche Praxis

Martin Hinsch

Die ISO 9001:2015 – Ein Ratgeber für die Einführung und tägliche Praxis

3., überarbeitete Auflage

Martin Hinsch
Hamburg
Deutschland
mh@aeroimpulse.de

ISBN 978-3-662-56246-8 ISBN 978-3-662-56247-5 (eBook)
https://doi.org/10.1007/978-3-662-56247-5

Die Deutsche Nationalbibliothek verzeichnet diese Publikation in der Deutschen Nationalbibliografie; detaillierte bibliografische Daten sind im Internet über http://dnb.d-nb.de abrufbar.

Springer Vieweg

Springer Vieweg ist ein Imprint der eingetragenen Gesellschaft Springer-Verlag GmbH, DE und ist ein Teil von Springer Nature.
Die Anschrift der Gesellschaft ist: Heidelberger Platz 3, 14197 Berlin, Germany

Vorwort zur 3. Auflage

Sehr erfreulich ist das große Interesse, welches dieses Buch im betrieblichen Alltag bei Auditoren, QM-Mitarbeitern und Führungskräften gefunden hat. Es zeigt, dass das richtige Maß sowohl im Umfang als auch in Hinblick auf die Schwerpunktlegung – abstrakte Normenanforderungen versus Praxis – erreicht wurde.

Nachdem die 2. Auflage stark auf den Übergang von der ISO 9001:2008 hin zur 2015er Revison ausgerichtet war, wurde mit Ende der Transitionphase eine Neuauflage erforderlich. Diese legt den Schwerpunkt nun allein auf die aktuelle ISO 9001:2015. Dabei wurden bereits Auditerfahrungen mit den neuen Anforderungen berücksichtigt. Besonders fällt in den Zertifizierungsaudits die starke Risikoorientierung ins Auge. Darüber hinaus zeigt sich eine strikte Prüfung der konsequenten PDCA-Anwendung, insbesondere auch in den hinteren Teilen dieses Zyklus. Diese und weitere Schwerpunkte sowie Stolperfallen werden im vorliegenden Buch tiefergehend thematisiert.

Mein Dank gilt für diese Auflage insbesondere Herrn Nils Aue für die sorgfältige Vorbereitung des Manuskripts.

Hamburg, im Herbst 2018 Prof. Dr. Martin Hinsch

Vorwort zur 1. Auflage

In weniger als 12 Monaten wird nach 15 Jahren wieder eine große ISO 9001 Revision publiziert. Wenngleich es aktuell danach aussieht, dass ein wesentlicher Teil des bisherigen Inhalts weitestgehend unverändert übernommen wird, bedarf der Übergang zur ISO 9001:2015 einer sorgfältigen Vorbereitung bei den etwa 60.000 betroffenen Organisationen in Deutschland, aber auch bei Zertifizierungsgesellschaften und deren Auditoren. Dieses Buch soll denjenigen, die sich bereits frühzeitig mit den Neuerungen auseinandersetzen wollen oder müssen, ein grundlegendes Bewusstsein für die Anforderungen der ISO 9001:2015 vermitteln.

Zwar ist der Revisionsprozess noch nicht abgeschlossen, aber es ist nicht mehr davon auszugehen, dass die wesentlichen Merkmale nun noch bedeutenden Änderungen unterliegen. Der Rahmen steht somit! Auch der Normentext auf Kapitelebene ist ausformuliert und liegt bereits in deutscher Übersetzung vor. Es darf daher nur noch mit kleineren Anpassungen im Zuge des Final Drafts und der endgültigen Veröffentlichung gerechnet werden. Über diese kommenden Änderungen werde ich über meine Website (www.9001revision.de) voraussichtlich im April und im Oktober 2015 im Detail informieren.

Einige Normenvorgaben sind in der 2015er Revision erstmals aufgenommen worden, so dass hier keine Zertifizierungserfahrungen für die ISO 9001 vorliegen. Ich habe an diesen Stellen, soweit wie möglich, auf mein Know-how als Luftfahrtauditor für die EN 9100 zurückgegriffen, da in dieser Norm viele der neuen ISO-Anforderungen in ähnlicher Weise bereits seit 2010 enthalten sind.

Der Sicherheit halber weise ich den Leser darauf hin, dass QM-Systemnormen viel Interpretationsspielraum bieten. Es gibt also nicht *den einen* richtigen Weg. Die zahlreichen Umsetzungsmöglichkeiten führen auch dazu, dass die Wahrnehmung und Beurteilung der Zertifizierungsauditoren vereinzelt voneinander abweicht. So wird es 9001-Auditoren geben, die die Norm oder nur einzelne Kapitel penibler auslegen aber auch solche, die die ISO 9001 weniger streng interpretieren. Dies gilt umso mehr, da sich für die 2015er Revision noch kein einheitliches Verständnis etabliert hat. Wenn im Folgenden geeignete Umsetzungshinweise gegeben werden, so handelt es sich hier um normenkonforme Erfahrungswerte, die ich in meinen vielen ISO 9001 und EN 9100 Projekten als Berater oder Auditor gesammelt habe. Ein Kerncharakteristikum ist insoweit eine konsequente Praxisorientierung.

Leider ist die Wortwahl in nahezu allen Normen hölzern und für einen Laien nicht immer sofort zugänglich. Dieser Text ist daher eine Übersetzung in die Sprache des betrieblichen Alltags. Die folgenden Erklärungen sollen weder akademisch sein, noch sollen sie das Herz eines QM-Erbsenzählers beglücken, sondern den erwarteten Einfluss der Normenrevision auf die tägliche Praxis leicht verständlich darstellen. Ich hoffe also, den Text so formuliert zu haben, dass dieser nicht nur Vollzeit-QM-Beauftragten einen Nutzen stiftet, sondern ebenso für den produktnahen Mitarbeiter und für QM-Interessierte ohne Vorkenntnisse verständlich ist.

Der Einfachheit halber ist der Text ab Kap. 4 analog zur neuen ISO 9001 gegliedert. Wo es sinnvoll erschien, wurde dies bis auf Aufzählungsebene angewendet. Aus urheberrechtlichen Gründen war das Abdrucken des Normen-Originaltextes nicht möglich. Insoweit ist dieses Buch nur eine Additive, jedoch keine Alternative zum eigentlichen ISO 9001:2015er Normentext.

Sprachliche Neuformulierungen oder in Nuancen geänderter Inhalt blieben im folgenden Text weitestgehend unberücksichtigt, wenn dadurch kein Einfluss auf den Zertifizierungsalltag zu erwarten ist. Die an jedem Kapitelanfang genannten Prozentwerte zur Klassifizierung des Änderungsumfangs beruhen auf eigenen Einschätzungen.

Meinen herzlichen Dank richte ich an alle, die mir während Erstellung dieses Buchs geholfen haben. So danke ich Senior-Auditor Dirk Maue-Laute von der Lufthansa Technik für seinen fachlichen Rat im Verlauf der Erstellung des Manuskripts sowie Dirk Tolle für seine hilfreiche Unterstützung. Besonderen Dank schulde ich überdies Dirk Vallbracht von DNV-GL für seine wertvollen Hinweise und Einschätzung zur neuen ISO-Revision.

Hamburg, im Herbst 2014 Dr. Martin Hinsch

Inhaltsverzeichnis

Abkürzungsverzeichnis

4F	Form, Fit, Function, Fatigue
AEB	Allgemeine Einkaufsbedingungen
AGB	Allgemeine Geschäftsbedingungen
CRM	Customer Relationship Management
DIN	Deutsches Institut für Normung
ESD	Electrostatic Discharge
FAI	First Article Inspection
ICAO	International Civil Aviation Organization
ISO	International Organization for Standardization
Kap.	Kapitel
KMU	Kleine und mittlere Unternehmen
NCR	Non-Conformity Report
NDT	Non-Destructive Testing
OHSAS	Occupational Health and Safety Assessment Series
PDCA	Plan-Do-Check-Act
QM	Qualitätsmanagement
QMB	Qualitätsmanagementbeauftragter
QMH	Qualitätsmanagementhandbuch
QMS	Qualitätsmanagementsystem
OTD	On-time-delivery
Ü-Audit	Überwachungsaudit

1 Grundlagen der Normierung

1.1 Einführung in die ISO 9001:2015

Bei der Normierung handelt es sich um eine systematisch initiierte Vereinheitlichung von Verfahren, Systemen, Begriffen oder Produkteigenschaften zum Nutzen einer Anwendergruppe. Mit der Schaffung von Normen wird ein einheitlicher Standard definiert, der es einerseits erlaubt, Qualität messbar und somit vergleichbar zu machen. Zudem wirken Normierungen effizienzsteigernd, da Planungsunsicherheiten sowie technische und finanzielle Anpassungen entfallen und so der Waren- und Dienstleistungsverkehr vereinfacht wird.[1] Dazu werden die folgenden Arten der Normierung unterschieden:

- Verfahrensnormen (z. B. Qualitätsmanagement nach ISO 9000),
- technische Normen (z. B. Schraubentyp, DIN A4) und
- klassifikatorische Normen (z. B. Länderkennungen wie .de, .com, .jp).

Um ihre Wirksamkeit zu entfalten, müssen Normen keinen formal-juristisch bindenden Charakter haben. Der Umstand, dass die Mehrheit der Marktteilnehmer eine Norm befolgt, diszipliniert auch jene, die deren Anforderungen zunächst nicht nachgekommen sind. Viele Normen üben einen (freiwilligen) Zwang aus und sind daher wirksamer als Gesetze: Wer ihnen nicht folgt, den bestraft der Markt sofort.

Erste auch internationale Normierungsbestrebungen wurden bereits Ende des 19./Anfang des 20. Jahrhunderts unternommen und hatten rasch zugenommen. Ein besonderes Wachstum entwickelte sich vor allem nach dem Zweiten Weltkrieg mit Gründung der International Organization for Standardization (ISO), einer Unterorganisation der UNO.

[1] Vgl. Hinsch (2017, S. 40).

M. Hinsch, *Die ISO 9001:2015 – Ein Ratgeber für die Einführung und tägliche Praxis*,
https://doi.org/10.1007/978-3-662-56247-5_1

In der Bundesrepublik wurde die Normierung durch das 1951 gegründete Deutsche Institut für Normung e. V. (DIN) vorangetrieben.

Bis in die siebziger Jahre hinein dominierte jedoch die Entwicklung und Verbreitung von technischen Normen. Schließlich wurde 1979 erstmals ein Standard für Qualitätsmanagementsysteme veröffentlicht. Aus diesem ging dann 1987 die ISO 9000er Normenreihe hervor. Die ISO 9001, wie sie dem Nutzer heute vertraut ist, entstand jedoch erst durch die große Normenüberarbeitung im Jahr 2000. Wesentliche Neuerungen waren damals eine verständlichere Wortwahl und präzisere Anforderungen sowie eine verbesserte Anwendbarkeit für Dienstleistungsorganisationen. Auch die strikte Prozessorientierung ist auf diese Überarbeitungsnovelle zurückzuführen.

Heute gilt die ISO 9000er Reihe als die weltweit bedeutendste Verfahrensnorm. Während die ISO 9000 und ISO 9004 erklärenden und unterstützenden Charakter haben, ist die ISO 9001 in dieser Reihe die einzig zertifizierbare Norm. Ihr liegt der Gedanke zugrunde, dass ein durch Dritte nachvollziehbares QM-System die beste Voraussetzung für ein angemessenes Qualitätsniveau darstellt. Die Norm benennt dazu von der spezifischen Leistungserbringung (Produkt oder Dienstleistung) und der Größe der Organisation unabhängige Mindestanforderungen, um so einen einheitlichen und vergleichbaren Qualitätsstandard zu ermöglichen.

Die Ausrichtung bzw. Zertifizierung nach dem 9001 Standard dient dabei dem Ziel,[2,3]

- durch ein effektives QM-System mit effizienten Prozessen und dessen ständiger Bewertung eine nachhaltige Wettbewerbsfähigkeit zu schaffen und aufrecht zu erhalten.
- Verbesserungen am QM-System ständig und systematisch zu planen, umzusetzen, zu bewerten und zu verbessern.
- dass sich die Organisation immer wieder mit eigenen Fehlern, Schwachstellen und Verschwendung auseinandersetzt, um Ursachen nachhaltig abzustellen.

Die Entwicklung eines leistungsfähigen QM-Systems wird dabei als gesamtbetriebliche Aufgabe angesehen, die an allen Kernprozessen ansetzen muss. Die Anforderungsschwerpunkte der ISO 9001 greifen daher in folgenden Bereichen:

- Aufbau und Aufrechterhaltung eines prozessorientierten Qualitätsmanagementsystems unter Berücksichtigung der externen Umgebungsbedingungen und Einflussgrößen,
- Verantwortung und Verpflichtung der Geschäftsleitung unter Berücksichtigung von Qualitätspolitik und -zielen,
- Personalqualifikation, Bewusstsein und Ressourcenbereitstellung einschließlich der dazugehörigen Dokumentation,

[2] Die ISO 9001 ist nicht nur für Unternehmen geeignet, sondern auch für Behörden, Vereine und sonstigen Einrichtungen. Daher wird im weiteren Kapitelverlauf nur von Organisationen gesprochen.

[3] vgl. Franke (2005, S. 14).

- Erfassung und Integration von Kundenanforderungen,
- Planung und Durchführung von Konstruktionsarbeiten und Produkt- bzw. Dienstleistungsentwicklungen,
- Auswahl, Überwachung und Steuerung von externen Anbietern sowie Bewertung und Prüfung zugelieferter Produkte und Dienstleistungen,
- Planung und Durchführung der Leistungserbringung einschließlich dessen Freigabe und Tätigkeiten nach der Lieferung,
- Prozess- und Produktüberwachung und -messung sowie Analyse der erhobenen Daten,
- Maßnahmen der Fehlerkorrektur und Risikominimierung sowie der kontinuierlichen Verbesserung.

Inhaltlich bleibt die ISO 9001 überwiegend unspezifisch. Die Norm legt zwar fest, was am Ende umzusetzen ist, nicht aber *wie* Prozesse und Arbeitsschritte im Detail ausgestaltet sein müssen. Es werden keine Tools, Instrumente oder Umsetzungsmethoden vorgegeben, sondern nur die Anforderungen an den Output. Die Norm überlässt also die detaillierte inhaltliche Prozessausgestaltung, also die Wahl der Mittel, der Organisation.

Dabei ist eine QM-System-Zertifizierung nicht frei von Nachteilen, denn es wird nicht die Produkt- oder Dienstleistungsqualität, sondern die Aufbau- und Ablauforganisation einer Organisation geprüft. Den Qualitätsansprüchen vieler Großunternehmen reicht dies vielfach nicht aus und so stellen diese unabhängig von Normen eigene Anforderungen an ihre Lieferanten. Überdies sind die Qualitätsansprüche der ISO 9001 nicht allzu hoch und so können auch Organisationen ohne ein nachhaltiges Qualitätsbewusstsein das zugehörige Zertifikat erlangen.

1.2 High Level Structure

Alle Managementsystem-Normen haben eine einheitliche Aufbaustruktur, die sog. High Level Structure. Das bedeutet, dass die erste und in den meisten Hauptkapiteln auch die zweite Gliederungsebene in allen wichtigen Systemnormen identisch sind Ob ISO 9001, EN 9100, TS 16949, ISO 14001 (Umwelt), OHSAS 18001 (Arbeitssicherheit) oder die ISO/IEC 27001 (Informationstechnik), sie alle und noch weitere Normen haben eine einheitliche Basiskapitelstruktur entsprechend Abb. 1.1. Damit einhergehend sind punktuell auch die Normentexte und Begrifflichkeiten angeglichen.

Die High Level Structure erleichtert Betrieben und Auditoren bei Mehrfach-Zertifizierungen die Arbeit weil sie eine konsolidierte Darstellung des eigenen Qualitätsmanagements vereinfacht. Verschiedene Normen lassen sich innerbetrieblich besser miteinander verzahnen und müssen nicht isoliert nebeneinander herlaufen. Dabei besteht für die Betriebe jedoch keine Verpflichtung die High-Level-Structure für das eigene QM-System zu adaptieren, solange nur die jeweiligen Normen-Anforderungen erfüllt werden.

Abb. 1.1 High Level Structure für ISO Managementsysteme

4 Kontext der Organisation
4.1 Verstehen der Organisation und ihres Kontextes
4.2 Verstehen der Erfordernisse und Erwartungen interessierter Parteien
4.3 Festlegen des Anwendungsbereichs des Qualitätsmanagementsystems
4.4 XXX Managementsystem

5 Führung
5.1 Führung und Verpflichtung
5.2 Politik
5.3 Rollen, Verantwortlichkeiten und Befugnisse in der Organisation

6 Planung
6.1 Maßnahmen zum Umgang mit Risiken und Chancen
6.2 XXX Ziele und Planung zur deren Erreichung

7 Unterstützung
7.1 Ressourcen
7.2 Kompetenz
7.3 Bewusstsein
7.4 Kommunikation
7.5 Dokumentierte Information

8 Betrieb
8.1 Betriebliche Planung und XXX

9 Bewertung der Leistung
9.1 Überwachung, Messung, Analyse und Bewertung
9.2 Internes Audit
9.3 Managementbewertung

10 Verbesserung
10.1 Allgemeines
10.2 Nichtkonformität und Korrekturmaßnahmen

2 Kerncharakteristika der ISO 9001:2015

2.1 Prozessorientierung

Die ISO 9001 verfolgt seit ihrer großen Revision im Jahr 2000 den Ansatz des prozessorientierten Qualitätsmanagements, welcher mit der aktuellen Revision nicht nur übernommen, sondern dahingehende Anforderungen in ihrer Neufassung nochmals verschärft wurden. Für eine ISO-Zertifizierung ist daher ein grundlegendes Verständnis des prozessbasierten Organisationsaufbaus mehr denn je nötig.

Zentrales Merkmal der Prozessorientierung ist die Abkehr von einer abteilungsorientierten Ausrichtung der Leistungserbringung hin zu deren prozessualer Systematisierung. Einen wichtigen Beitrag und Quick-Win leistet dazu die Dokumentation der Prozesse. Dafür ist die Organisation in Kern- bzw. Leistungsprozesse sowie in Führungs- und Unterstützungsprozesse zu gliedern. Diese gilt es zunächst zu identifizieren (*Ermitteln*) sowie anschließend zu managen (*Leiten* und *Lenken*) und schließlich zu überwachen. Dabei muss der Blickwinkel nicht nur auf die Prozesse selbst, sondern vor allem auch auf deren Wechselwirkungen und Schnittstellen gelegt werden.

Durch diese Herangehensweise fordert und fördert die Prozessorientierung die stärkere Auseinandersetzung mit den betrieblichen Abläufen und Zuständigkeiten. Die Organisation wird nachvollziehbarer gemacht und erleichtert so die Übersichtlichkeit und Verständlichkeit der Ablaufstrukturen. Die Mitarbeiter erkennen ihren Platz innerhalb der für sie relevanten Prozesse wie auch innerhalb der gesamten Wertschöpfungskette.

Für den Erfolg des prozessorientierten Ansatzes und damit auch für das Bestehen des Zertifizierungsaudits ist es wichtig, dass sich ein innerbetrieblicher Regelkreis zwischen den eingehenden Kundenforderungen (Input) und der ermittelten Kundenzufriedenheit (mittelbarer Output) etabliert. Die ISO-Norm setzt dazu die Umsetzung des Deming`schen PDCA-Zyklus (Plan-Do-Check-Act) voraus (vgl. Abb. 2.1).[1] Demgemäß bilden die

[1] Vgl. Abbildung 1 in Kap. 0.2, Entwurf ISO 9001:2014.

M. Hinsch, *Die ISO 9001:2015 – Ein Ratgeber für die Einführung und tägliche Praxis*,
https://doi.org/10.1007/978-3-662-56247-5_2

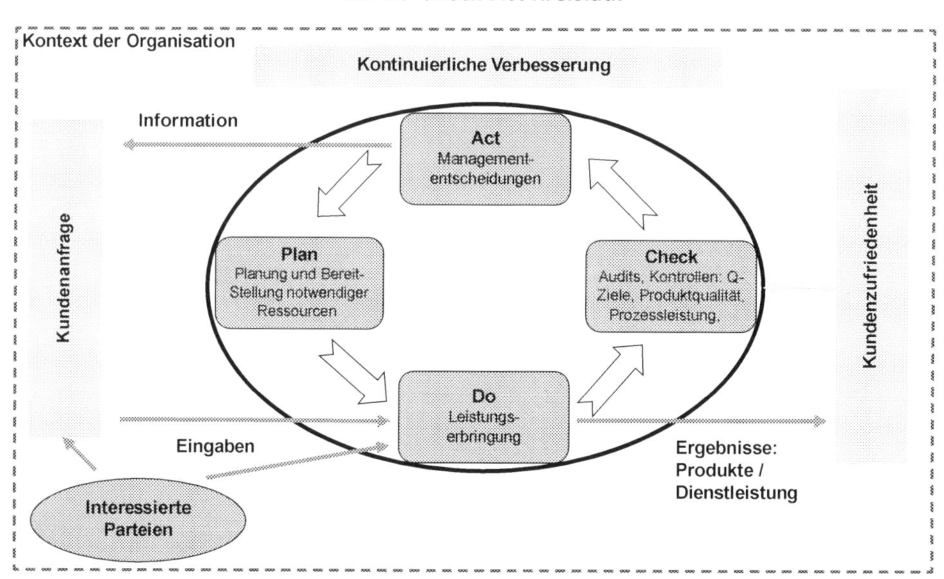

Abb. 2.1 PDCA-Kreislauf. (In Anlehnung an Entwurf ISO 9001:2014, Kap. 0.3 und in Anlehnung an Hinsch 2018, S. 8)

Eingaben des Kunden, die Anforderungen der relevanten interessierten Parteien und das betriebliche Ressourcen-Management (*Plan*) den Input für die Leistungserbringung. Der Wertschöpfungsprozess (*Do*) und dessen Output unterliegen dabei der Überwachung, Messung und Analyse von Prozess-Performance, Produktkonformität und Kundenzufriedenheit (*Check*). Aus den Erkenntnissen dieser Überwachung muss die Geschäftsleitung Verbesserungsmaßnahmen am QM-System ableiten und anweisen sowie deren Umsetzung überwachen (*Act*), um die zukünftige Leistungserbringung zu verbessern.

Prozessdokumentation

Art und Umfang einer Prozessdokumentation hängen von den individuellen betrieblichen Bedingungen ab. Methodisch kann jedoch nur ein visuell verankertes Organisations- und Ablaufkonzept hinreichende Transparenz schaffen.

Auf der obersten Ebene werden dazu in aller Regel Prozesslandkarten (vgl. Abb. 4.1) verwendet, um einen Gesamtüberblick über die Organisation und deren Kernprozesse zu erhalten. Auf der zweiten Ebene, die der Beschreibung einzelner Prozesse dient, werden z. B. Flow-Charts, Fluss- bzw. Ablaufdiagramme oder Schildkrötendiagramme (auch: *Turtles*, vgl. Abb. 3.1) herangezogen. Aufgaben, Abläufe und Vorgänge, die bei einem funktionsorientierten Ansatz in Prosa zusammengefasst waren, werden hier in Prozessdarstellungen visuell abgebildet (vgl. z. B. Abb. 7.1). Dabei lassen sich auch die Wechselwirkungen zwischen Prozessen z. B. mittels Pfeilen darstellen. Erst in dritter Ebene werden den Visualisierungen ggf. ergänzende schriftliche Hinweise, wie sie z. T. aus alten

Verfahrensanweisungen bekannt sind, hinzugefügt. Durch diese mehrstufige Struktur schafft ein prozessorientiertes QM-System Transparenz und spielt gegenüber der funktions- und prosaorientierten Vorgabedokumentation folgende Stärken aus:

- die Visualisierung erfolgt analog dem natürlichen Wertschöpfungsverlaufs,
- im Vordergrund steht nicht die Hierarchie bzw. das Abteilungsdenken, sondern das Prozessergebnis,
- die mehrstufige Ablaufstruktur (Prozesslandkarten, Prozesse, Tätigkeiten) erhöht die Verständlichkeit für den Mitarbeiter,
- ehemals isolierte Dokumentationen werden ersetzt durch die Aneinanderreihung einzelner Prozessschritte mit Prozessfluss-Orientierung,
- diese Methodik eignet sich aufgrund dessen Übersichtlichkeit und klarer Strukturierung gut zur Einarbeitung der Mitarbeiter und als Instrument der betrieblichen Ausbildung.

Wenngleich der prozessorientierte Ansatz in der QM-Dokumentation somit zwar sehr anwenderfreundlich ist, müssen Mitarbeiter dennoch in diese Darstellungsform eingewiesen werden. Sie müssen ihre Rollen, Tätigkeiten und Schnittstellen wiederfinden und verstehen, wie ihr Handeln in die gesamte betriebliche Wertschöpfung eingebunden ist.

2.2 Risikobasierter Ansatz

Die ISO 9001:2015 fordert in Kap. 6.1 eine Risikoorientierung durch risikobasiertes Denken und Handeln. Ziel ist die strukturierte Auseinandersetzung mit den betrieblichen Risiken, insbesondere solchen, die direkten oder indirekten Einfluss auf die Organisationsziele haben. Zu den wesentlichen Aufgaben gehört es, Risiken rechtzeitig zu erkennen und durch gezielte Maßnahmen unter Kontrolle zu halten bzw. wo immer möglich, zu eliminieren. Hier werden Charaktermerkmale eines Risikomanagementsystems deutlich, so dass eine Abgrenzung zu einer, wie in der Norm geforderten, systematischen Risikoorientierung kaum möglich ist. Nur Kleinstorganisationen werden insoweit zukünftig umhin kommen, zumindest ein einfaches Risikomanagement im Sinne einer strukturierten Risikoauseinandersetzung vorzuhalten.

Als Bestandteil des QM-Systems ist das risikobasierte Handeln eine Führungsaufgabe und muss überdies gesamtbetrieblich (d. h. übergeordnet unter Aufsicht der Geschäftsführung) verankert sein. Die Norm gibt jedoch nur wenige Informationen zu Art und Umfang der erwarteten Risikoorientierung. In jedem Fall muss die Geschäftsleitung sicherstellen, dass ein Prozess oder – verteilt – punktuelle Prozessbestandteile etabliert sind, die die bewusste Identifizierung, Bewertung und Steuerung von Gefahren ermöglicht.

Im Folgenden werden daher die Grundbestandteile eines risikobasierten Ansatzes skizziert. Hinweise zu Art und Umfang der organisatorischen Ausgestaltung im betrieblichen Alltag finden sich zudem im zugehörigen Abschn. 6.1 dieses Buchs.

a. Verantwortlichkeiten

Eine angemessene Risikohandhabung muss in aller Regel auf zwei Ebenen etabliert und gelebt werden. Gesamtbetrieblich und auf der Projekt- bzw. Auftragsebene:

Auf der **gesamtbetrieblichen Ebene** werden alle der Organisation bekannten Risiken zusammengefasst, gesteuert und überwacht. Eine intensivere Auseinandersetzung durch die Geschäftsführung findet meist im Zuge der jährlichen Managementbewertung oder in größeren Organisationen häufiger und in eigenen Risikomanagement-Reviews statt. Größere Unternehmen haben als Bindeglied zwischen Management und der Arbeitsebene oft die Stelle eines Risikobeauftragten eingerichtet, der die Risiko-Aktivitäten koordiniert und überwacht. In kleinen und mittleren Unternehmen kann sich der QMB im Tagesgeschäft auch um die Risikobetreuung kümmern.

Auf **Projekt- bzw. Auftragsebene** ist eine separate Risikoorientierung vorzuhalten. Der Risikoprozess ist hier Teil des Projekt- oder Auftragsmanagements und beginnt bei der Bewertung der Kundenanforderungen vor Abgabe des Angebots oder des (internen) Projektauftrags. Nach Auftragserteilung bzw. Projektbeginn sollte eine Risikoorientierung insbesondere in Projekt-Reviews bei Erreichen von Meilensteinen und vor größeren Einkäufen oder Fremdvergaben fest verankert sein. Auf der Projekt- bzw. Auftragsebene ist normalerweise der Projektleiter, der Produktionsleiter oder der Kundenbetreuer für die Sicherstellung einer klaren Risikoorientierung verantwortlich.

b. Risikokriterien

Um die Identifizierung und die Systematisierung der Risiken zu erleichtern, sind bei einer höher entwickelten Risikoorientierung Risiko-Kategorien festzulegen. Zur Bewertung von Risiken wird im Normalfall die Kombination der Wahrscheinlichkeit eines unerwünschten Ereignisses und der Schadenshöhe zugrunde gelegt. Risikokriterien müssen eine ungefähre Zuordnung der Risiken innerhalb klar umrissener Cluster (z. B. gering/mittel/groß) erlauben, um eine Priorisierung zu ermöglichen. Dabei kann die Visualisierung mittels einer Risikomatrix entsprechend Abb. 2.2 die Einordnung der Risiken erheblich vereinfachen.

Beispiel Abgrenzungskriterien von Risiko-Clustern

Ein **kleines Risiko** hat geringe Auswirkungen auf die eigene Leistungserbringung oder die des Kunden (z. B. nur Garantie oder Kulanz, kein Schadensersatz notwendig). Geringe Risiken kann die Organisation verkraften. Teilweise sind es Risiken, die im Rahmen des üblichen Geschäftsverkehrs getragen werden müssen. Die Schadenshöhe bleibt unter ca. 25.000 EUR. Beispiel: durch ein schadhaft geliefertes Produkt fallen Convenience-Funktionen (Navi, Hifi) eines Pkw-Bordcomputers an einem oder wenigen Fahrzeugen aus. Durch ein einfaches Software-Update kann das Unternehmen das Problem lösen.

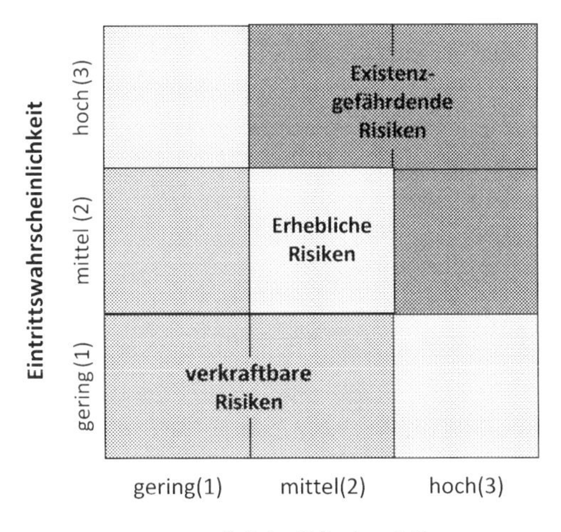

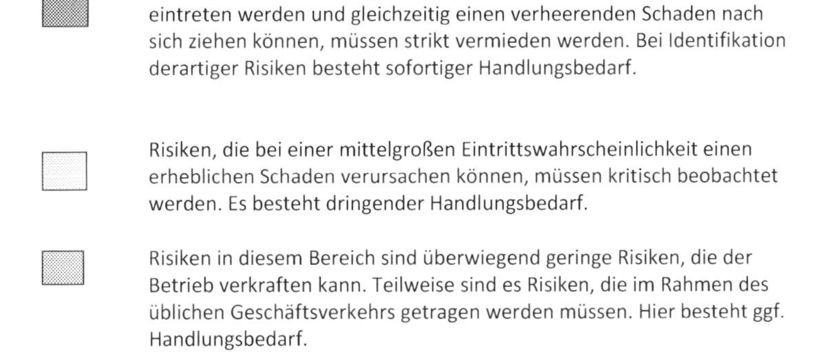

Abb. 2.2 Risikomatrix. (In Anlehnung an Hinsch 2018, S. 38)

Ein **mittleres Risiko** hat spürbare Auswirkungen auf die eigene Leistungserbringung oder die des Kunden (kann Schadensersatz zur Folge haben). Die Schadenshöhe übersteigt etwa 25.000 EUR, bleibt jedoch unter 200.000–250.000 EUR. Beispiel: Am Pkw-Bordcomputer müssen aufgrund eines schweren Entwicklungsfehlers Convenience-Funktionen (Navi, Hifi) an etwa 1000 Pkw Software-Updates aufgespielt werden. Die Pkw müssen hierzu in die Werkstatt. Die Organisation muss dem Kunden (Automobilhersteller) die Reparaturkosten der Endkunden erstatten.

Ein **großes Risiko** hat erhebliche Auswirkungen auf die eigene Leistungserbringung oder die des Kunden oder unmittelbare Sicherheitsrelevanz. Die Schadenshöhe kann für die Organisation existenzbedrohend werden. Beispiel: Aufgrund eines schweren Entwicklungsfehlers in der Bord-Software besteht die Gefahr eines Ausfalls des

ABS-Systems. Hierdurch ist es bereits zu einem schweren Verkehrsunfall gekommen. Überdies sind mehrere 1000 Pkw betroffen. Die Organisation ist schadensersatzpflichtig. Der Kunde stellt die Geschäftsbeziehung infrage.

c. Risikoidentifizierung und -bewertung

Der erste Schritt einer operativen Risikoorientierung ist die Risikoinventur. Dabei sind alle Risiken bzw. Risikofelder zu identifizieren, z. B. Risiken aus Markt- oder Wettbewerbsentwicklungen, der tatsächliche oder drohende Verlust eines wichtigen Kunden oder der Ausfall eines entscheidenden Lieferanten, potenzielle Entwicklungsmängel, Investitions- bzw. Finanzierungsrisiken oder Gefahren bedingt durch den Einsatz neuer Technologien. Da Risiken also in allen Bereichen einer Organisation auftreten können, ist die Inventur sowohl auf übergeordneter, gesamtbetrieblicher Ebene vorzunehmen als auch in den Projekten, im Rahmen größerer Aufträge, in jeder Abteilung und für alle Kernprozesse. Nur eine breite Basis macht es möglich, sämtliche internen und externen Einflussfaktoren zu identifizieren und ein vollständiges Bild über die Risikosituation in der Organisation oder in einem spezifischen Projekt oder Auftrag zu gewinnen. Dabei sind auch die Wechselwirkungen zwischen Einzelrisiken und etwaige Kumulationen zu Großrisiken zu berücksichtigen. Im Anschluss an die Identifizierung steht die Risikoanalyse und -bewertung. Damit sollen die Risiken in ihrer Gefährlichkeit eingeordnet und eine zielgerichtete Bestimmung der Risikohandhabung ermöglicht werden. Auf eine exakte Messung der möglichen Schadenshöhe oder eine präzise Benennung der Wahrscheinlichkeit kommt es dabei nicht an. Der Grund liegt darin, dass sich eine solche Risikoquantifizierung aufgrund unsicherer Annahmen ohnehin meist schwierig gestaltet. Wichtig ist die richtige Clusterzuordnung mit einer ordinalen Risikobestimmung, so dass eine Rangfolge und Priorisierung der betrieblichen Gefahren herausgestellt wird. Entscheidend ist also, dass überhaupt alle wichtigen Risiken identifiziert und ihnen auf Basis einer solchen Bewertung angemessene Gegensteuerungsmaßnahmen zugewiesen werden können.

d. Risikohandhabung

Auf Basis der Risikoinventur und der anschließenden Bewertung sind Gegenmaßnahmen zu entwickeln, umzusetzen und zu überwachen. Zwar hängen die Aktivitäten zur Risikohandhabung vom individuellen Einzelfall ab, jedoch lassen sich vier mögliche Strategien unterscheiden, die einzeln oder im Mix eingesetzt werden können:

- Risikovermeidung (Gefahrenumgehung, bei gleichzeitigem Verzicht auf Chancen),
- Risikoverminderung (Reduzierung des Risikos auf ein akzeptables Maß),
- Risikoüberwälzung (gänzliches oder teilweises Weiterreichen des Risikos an Dritte, z. B. Kunde, Zulieferer oder Versicherer),
- Risikoakzeptanz (Risiko lässt sich nicht umgehen oder die Kosten der Risikohandhabung stehen in keinem Verhältnis zum Nutzen).

Gegenmaßnahmen sind auf ihre Wirksamkeit zu prüfen. Dabei ist zu bewerten, ob das Ziel der Risikohandhabung erreicht wurde. Ist das verbleibende Risiko nicht akzeptabel, sind entweder neue Gegensteuerungsmaßnahmen oder neue Ziele zu bestimmen.

2.3 Kundenorientierung

Nicht nur in zahlreichen betriebswirtschaftlichen Managementansätzen, sondern auch in der ISO 9001 bildet die Kundenorientierung ein Kerncharakteristikum. Ziel ist es, den Kunden in den Mittelpunkt des betrieblichen Handelns zu stellen.

Wesentlicher Baustein für eine erfolgreiche Kundenorientierung bildet zunächst die konsequente Prozessausrichtung der eigenen Organisation. Die heutigen Grundbedürfnisse der Kunden wie Flexibilität, kurze Reaktionszeiten und niedrige Preise lassen sich nämlich nur erfüllen, wenn die eigenen betrieblichen Prozesse sauber abgestimmt und störungsfrei miteinander verzahnt sind. Eine strukturierte Kundenorientierung wird dabei insbesondere im Vertriebsbereich gefordert, weil dort der Kundenkontakt naturgemäß besonders intensiv ist. Aber auch die Kundenbetreuung nach Vertragsabschluss bedarf klar definierter Vorgehens- und Verhaltensweisen, insbesondere bei nachträglichen Änderungen an der Beauftragung.

In der Norm widmet sich vor allem Kap. 8.2 der operativen Kundenorientierung. So sind wirksame Regelungen bei der Auftragsanbahnung sicherzustellen. Dazu müssen Anfragen, Angebote, Verträge und etwaige Änderungen nachvollziehbar dokumentiert werden. Dies gilt insbesondere für komplexe Produkte und Dienstleistungen, bei denen das Angebot in mehreren iterativen Abstimmungsschritten zwischen Kunde und potenziellem Auftragnehmer entwickelt wird. Hilfreich kann hierzu die Nutzung einer CRM-Software sein,[2] in der die Aktivitäten und die Kundenkommunikation strukturiert aufgezeichnet werden können.

Im Zuge der Angebotserstellung, noch vor Eingehen einer Lieferverpflichtung, muss die Organisation alle Anforderungen ermitteln und bewerten, die den bestimmungsgemäßen Gebrauch von Produkt oder Dienstleistung ermöglichen.[3] Dazu zählen nicht nur die Anforderungen, die dem Kunden bekannt sind, sondern auch jene, die nur die Organisation mit ihrer fachlich-technischen Expertise kennt.

Nach Vertragsabschluss drückt sich Kundenorientierung in erster Linie durch eine vereinbarungsgemäße Auftragserfüllung aus. Lieferverzögerungen sind idealerweise *aktiv* zu kommunizieren.

[2] CRM = Customer Relationship Management. Eine solche Software dient der Verwaltung der Kundeninteraktion, so dass neben Angeboten, Aufträgen und Auslieferungsdaten auch Mailverkehr, Kundenkontakte, Meetings und Marketingaktionen hinterlegt und damit nachvollziehbar gemacht werden können.

[3] vgl. Kap. 8.2.2 und 8.2.3.

Nachträgliche Änderungen durchlaufen vielfach einen erneuten, ggf. vereinfachten Angebotsprozess. Bei einer Nachbeauftragung ist in jedem Fall sicherzustellen, dass durch angemessene Aufzeichnungen eine Nachvollziehbarkeit geschaffen wird.

Während des Zertifizierungsaudits wird die Kundenorientierung im Angebotsprozess üblicherweise beispielhaft an Hand einer abgeschlossenen Beauftragung mittels der zugehörigen Aufzeichnungen geprüft. Im Sinne der Kundenorientierung ist in Zertifizierungsaudits zudem die Erhebung von Daten nachzuweisen, die Hinweise auf die Kundenzufriedenheit geben Hierzu eignen sich z. B. folgende Kennzahlen:

- Pünktliche Lieferleistung (On-Time-Delivery),
- Kundenbeschwerden,
- Aufforderungen zu Korrekturen,
- Produktkonformität,
- Kundenzufriedenheit.

2.4 Begrifflichkeiten

An zahlreichen Stellen der EN 9100 werden hölzern klingende und beim ersten Lesen schwer verständliche Kunstwörter verwendet (vgl. Tab 2.1), die es dem Laien nicht immer leicht machen, ein angemessenes Verständnis für die Anforderungen der Norm zu entwickeln. Der Grund liegt darin, dass es sich um Sammelbegriffe handelt, die ein breites Spektrum anderer Begriffe zusammenfassen müssen.

Tab. 2.1 Beispielhafte Normenbegriffe

Relevante interessierte Parteien	Personen oder Institutionen, die mit ihrem Handeln Einfluss auf die Leistungserbringung der Organisation nehmen, z. B. Dritt- oder Endkunden, Lieferanten, Gewerkschaften, Bürgerinitiativen, Kammern und Verbände sowie Wettbewerber, Kapitalgeber und Partner, aber auch Think Tanks oder Medien
Dokumentierte Information	Dokumente und Aufzeichnungen, Videos, Audioaufnahmen, Internetseiten, Dateien
Externe Anbieter	Sammelbegriff für Lieferant, Zulieferer, Subunternehmer, Fremdfirma, verbundene Unternehmen, wie z. B. Tochter-, Schwester- oder Muttergesellschaften (außerhalb des eigenen Zertifizierungsumfangs)
Externe Bereitstellungen	Beschaffung
Fortlaufende Verbesserung	Ständige/kontinuierliche Verbesserung
Begriffe der neuen ISO DIN 17021	Wesentliche Nichtkonformität – Hauptabweichung Untergeordnete Nichtkonformität – Nebenabweichung

Es ist nicht notwendig, solche Normenbegriffe Begriffe in die eigene QM-Dokumentation zu übernehmen oder gar im betrieblichen Alltag zu verwenden (siehe Anhang A.1 der Norm). Dies wird an dieser Stelle auch nicht empfohlen, schließlich müssen auch weniger QM-interessierte Mitarbeiter die Dokumentation verstehen. Alltagsfremde Begriffe schaden der betrieblichen QM-Akzeptanz im Ganzen und sollten daher auf den Normentext beschränkt bleiben.

Es wird QM-Experten geben, die berechtigt oder unberechtigt nuancierte Unterschiede zwischen den Normenbegriffen und den Synonymen des betrieblichen Alltags erkennen. Da diese aber der überwiegenden Mehrheit von QM-Anwendern und 9100-Auditoren nicht geläufig sein werden, steht nicht zu erwarten, dass die feinen Unterschiede im Zertifizierungsalltag zukünftig eine Rolle spielen.

3 Der Ablauf eines Zertifizierungsaudits

Für jene Leser, die mit dem Ablauf von Zertifizierungsaudits nicht vertraut sind, bietet dieses letzte Kapitel einen grundlegenden Einblick in den gesamten Zertifizierungsprozess.

3.1 Vorbereitung des Zertifizierungsaudits

Das Zertifizierungsaudit bildet den letzten, entscheidenden Abschnitt auf dem Weg zum ISO 9001 Zertifikat. Davor steht zunächst ein längerer Entscheidungsprozess der Geschäftsleitung bei dem das Für und Wider einer Zertifizierung abgewägt wird. In dieser Phase muss sich vor allem der QMB bereits intensiv mit der angestrebten Norm inhaltlich auseinandersetzen. Dabei ist es aber anfänglich noch nicht entscheidend, jede einzelne Normanforderung zu kennen und zu verstehen. Im Vordergrund steht zunächst das Wissen um die Ziele, Aufgaben und das Selbstverständnis der ISO 9001 sowie deren grundlegende Erwartung an ein QM-System.

Die erste Quelle, um sich mit der ISO 9001 auseinander zu setzen, ist der Normentext selbst. Darüber hinaus bieten auch Bücher, ebenso wie das Internet (Stichwort „ISO-Zertifizierung") Hilfestellung für den Aufbau eines QM-Systems entsprechend der ISO 9001. Auch verkaufen viele Zertifizierungsgesellschaften und diverse Trainingsanbieter entsprechende Seminare.

Nach der Entscheidung zugunsten einer ISO-Zertifizierung folgen etwa drei bis zwölf Monate für die betriebliche Umsetzung der Normenanforderungen. In diesem zweiten Schritt ist es notwendig, die Anforderungen der ISO 9001 im Detail zu studieren, um auf der Basis bestimmen zu können, wo in der Organisation die Handlungsbedarfe bestehen. Hierzu kann eine Vergleichsliste (Cross-Reference-Liste) hilfreich sein. In einer solchen Liste werden dann jene Normanforderungen, die bereits erfüllt sind, mittels objektiven Nachweisen (Dokumente, Aufzeichnungen etc.) als „erledigt" gekennzeichnet. Um einen sauberen Aufsetzpunkt zu erlangen, kann es sinnvoll sein einen erfahrenen ISO Auditor

M. Hinsch, *Die ISO 9001:2015 – Ein Ratgeber für die Einführung und tägliche Praxis*,
https://doi.org/10.1007/978-3-662-56247-5_3

für eine Delta-Analyse zu beauftragen. Dort, wo Defizite bestehen, werden auf Basis der Analysergebnisse Termine und Verantwortlichkeiten für die Umsetzung sowie ggf. weitere Bemerkungen hinterlegt. Erfahrungsgemäß bestehen die größten Handlungsbedarfe beim qualitätsorientierten Selbstverständnis und der angemessenen Verbreitung einer Qualitätskultur sowie bei der Dokumentation und deren Nutzung in der betrieblichen Praxis sowie bei Qualitätspolitik, Qualitätszielen und Zielverfolgung.

Prozesse

Ziel ist es, stabile, beherrschte Prozesse, d. h. eine klar definierte Wertschöpfungskette aufzubauen und aufrecht zu erhalten. Art und Umfang der Beschreibung richten sich dabei an der Organisationsgröße und an der Leistungserbringung. Tendenziell gilt: Je größer das Unternehmen und je komplexer die Wertschöpfung desto mehr Dokumentation ist notwendig.

Dokumentation

Der Aufbau der Dokumentation ist hierarchisch-pyramidal (Abb. 3.1). Ausgangspunkt einer QM-Dokumentation bildet die schriftliche Fixierung der Qualitätspolitik und der Qualitätsziele als Fixpunkte des betrieblichen QM-Systems. Wenn sich Organisationen dazu entscheiden, ein QM-Handbuch zu führen, so bildet dieses die oberste Dokumentationsebene.

Darüber hinaus ist es für die Sicherstellung stabiler Prozesse an vielen Stellen der Leistungserbringung zielführend und geboten, Abläufe schriftlich zu fixieren. Dafür sind auf zweiter Ebene Prozessbeschreibungen oder Verfahrensanweisungen vorzuhalten. Dies ist für folgende Bereiche dringend zu empfehlen:

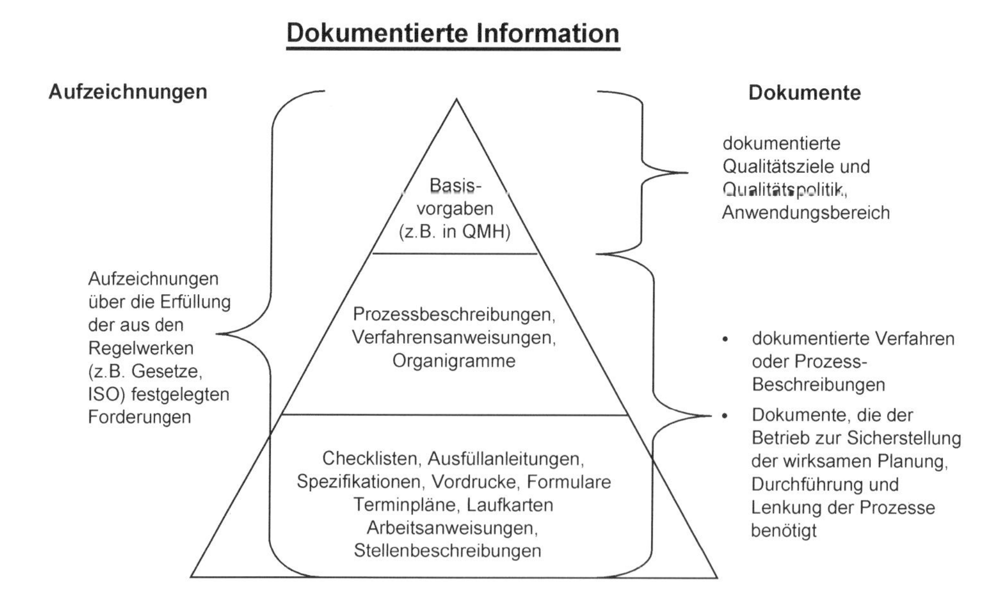

Abb. 3.1 Dokumentationsebenen eines QM-Systems. (In Anlehnung an Hinsch 2014, S. 14)

- Personalkompetenz und -qualifizierung (Kap. 7.2)
- Risikomanagement/-handhabung (Kap. 6.1)
- Umgang mit Dokumenten und Umgang mit Aufzeichnungen (Kap. 7.5)
- Vertrieb (insb. Angebotserstellung und Vertragsabschluss) (Kap. 8.2)
- Entwicklung (Kap. 8.3)
- Lieferantenauswahl, -freigabe und -überwachung (Kap. 8.4.1)
- Wareneingang (Kap. 8.4.2)
- Fremdvergaben (Kap. 8.4.2)
- Kernprozess der Produktion bzw. Dienstleistungserbringung (Kap. 8.5.1)
- Umgang mit fehlerhaften Produkten, sowie nonkonformen Dienstleitungen und Prozessen (Kap. 8.7) sowie Korrekturmaßnahmen (Kap. 10.2).

Beschreibungen zu diesen Prozessen und Verfahren helfen bei der Ablaufstrukturierung, weil Arbeits-/ Ablaufschritte sowie Verantwortlichkeiten festgelegt und zugeordnet werden. Neben einer soliden Einarbeitung können nur das geschriebene Wort bzw. Schaubilder und dokumentierte Visualisierungen Prozesssicherheit für die betroffenen Mitarbeiter schaffen. Insofern ist im Prinzip bei allen risikobehafteten Prozessen eine schriftliche Fixierung des Vorgehens erforderlich.

Die Dokumentation dieser Prozesse einschließlich Hilfsmittel wie z. B. Formblätter, Checklisten und Ausfüllanleitungen bieten überdies während des Zertifizierungsaudits den Vorteil, dass mit ihnen ein wichtiger Nachweis für ein gelenktes Vorgehen erbracht wird.

Qualitätspolitik, Qualitätsziele und Zielverfolgung

Es ist eine Qualitätspolitik zu definieren, daraus sind messbare Qualitätsziele abzuleiten und aus diesen wiederum Kennzahlen zur Messung der Zielerreichung festzulegen. Die systematische Zielverfolgung bildet ein Kernelement der ISO 9001.

Anwendungsbereich (Ausschlüsse)

Sind ISO-Bestandteile aufgrund des Produkt- bzw. Leistungsportfolios nicht anwendbar, so dürfen einzelne Kapitel für ungültig erklärt werden (vgl. Kap. 4.3). Ein typisches Beispiel ist der Ausschluss von Kap. 8.3 (Entwicklung), sofern eine Organisation keine eigenen Entwicklungsaktivitäten durchführt (z. B. eine Arztpraxis oder ein Reinigungsbetrieb). Der Anwendungsbereich inkl. ungültiger Normenkapitel ist zu dokumentieren. Ein geeigneter Ort kann dazu das QM-Handbuch sein, sofern dieses weiterhin gepflegt wird. Üblicherweise wird der avisierte Anwendungsbereich im Vorgespräch mit dem Zertifizierungsauditor oder im Stufe 1 Audit thematisiert, abgestimmt und final festgelegt.

Abschluss der Vorbereitungsphase: internes Audit und Management Review

Zum Abschluss der Vorbereitungen auf das Zertifizierungsaudit sollte etwa ein bis zwei Monate zuvor erst ein internes Audit und im Anschluss ein Management-Review durchgeführt werden. Mit dem internen Audit wird nicht nur der Vorgabe des Kap. 9.2 Rechnung getragen. Es kann auch in Vorbereitung auf die Zertifizierung dafür genutzt werden, um zu prüfen, ob alle Normanforderungen umgesetzt wurden. Insoweit kann es hilfreich sein, hierfür einen erfahrenen/zugelassenen ISO-Auditor zu beauftragen.

Ein kurz vor dem Zertifizierungsaudit stattfindendes Management-Review sollte u. a. dem Zweck dienen, die Angemessenheit der Qualitätspolitik und -ziele sowie das Vorhandensein von Instrumenten der Überwachung und Messung sicherzustellen. Auch kann die Managementbewertung kurz vor dem ersten Zertifizierungsaudit dazu genutzt werden, die Geschäftsleitung für alle wichtigen Qualitäts- und Normenaspekte nochmals zu sensibilisieren.

Externe Unterstützung

Bei der Vorbereitung auf die Zertifizierung kann ein externer Berater wertvolle Unterstützung leisten und zugleich den Umsetzungsprozess beschleunigen. Dies gilt gerade für kleine und mittlere Organisationen, die über wenig Erfahrung oder Kapazität für die Pflege eines Qualitätsmanagementsystem verfügen. Jede Organisation muss dabei für sich entscheiden, ob ein Berater generell notwendig ist, ob dieser die gesamte Vorbereitungsphase begleiten soll oder ob Unterstützung nur tageweise für größere betriebliche Wissenslücken heranzuziehen ist. Denkbar wäre auch, den Berater nur am Anfang und am Ende der Vorbereitungsphase zur Beurteilung der betrieblichen Zertifizierungsfähigkeit einzukaufen.

3.2 Auswahl eines Zertifizierers

Parallel zu den inhaltlichen Vorbereitungen sollte bereits frühzeitig (etwa 4–8 Monate vor dem avisierten Audittermin) ein Zertifizierungsauditor sowie eine Zertifizierungsgesellschaft ausgewählt werden. Der Fokus sollte dabei auf der Auswahl eines Auditors liegen, der das Vertrauen der Organisation genießt und dessen Ansprüchen gerecht wird.[1] Hierzu sollten 2–3 Zertifizierungsgesellschaften um die Abgabe eines Angebots und kurze Vorstellung gebeten werden. In dem darauf folgenden Akquisitionsgespräch sollten zertifizierungsrelevante Informationen ausgetauscht und erste Aktivitäten abgestimmt werden, die letztlich der angestrebten Zertifizierung dienen. Um dem Auditor einen Eindruck zu vermitteln, sollten bereits in diesem Vorgespräch folgende Themen zumindest kurz angesprochen werden:

- Geschäftstätigkeit und Produkte, ggf. einschließlich eines kurzen Betriebsrundgangs,
- Art und Umfang von Fremdvergaben,
- Stand der Umsetzung,
- Darstellung des Zeitplans der Zertifizierungsvorbereitung,
- der geplante Geltungsbereich der Zertifizierung,
- geplante Ausschlüsse.

[1] Auch hier kann ein Berater wertvolle Hilfe bieten, weil dieser üblicherweise Zertifizierungsauditoren einerseits und die betrieblichen Ansprüche andererseits kennt.

Der Auditor seinerseits sollte im Vorgespräch Informationen zum Zertifizierungsablauf sowie zum Auditzyklus geben (vgl. Abb. 3.2), der sich aus folgenden Bestandteilen zusammensetzt:

- Stufe 1-Audit (Voraudit),
- Stufe 2-Audit (Haupt-/ Erstaudit),
- zwei Überwachungsaudits (auch: Ü-Audit) im jährlichen Abstand,
- Re-Zertifizierungsaudit (nach 3 Jahren, entspricht etwa dem Erstaudit).

Bei dem Auswahlverfahren sollte gerade bei kleinen und mittleren Organisationen darauf geachtet werden, dass der Zertifizierungsauditor in regionaler Nähe ansässig ist, um dessen Reisekosten gering zu halten. Der Standort der Zertifizierungsgesellschaft spielt indes keine Rolle.

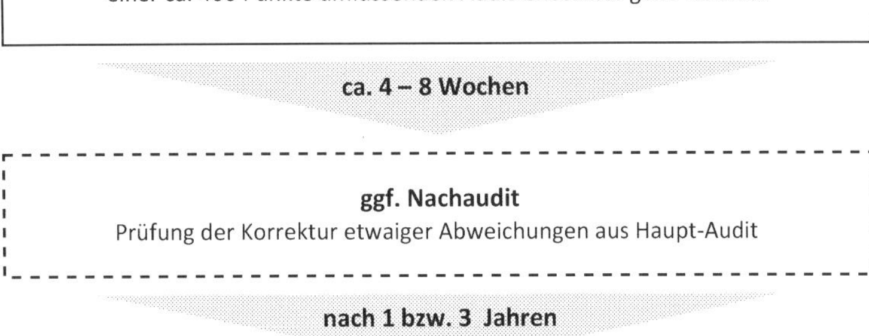

Abb. 3.2 Ablauf eines dreijährigen Auditzyklus. (In Anlehnung an Hinsch 2018, S. 166)

3.3 Durchführung des Stufe 1 Audits

Bei einer Erst-Zertifizierung muss dem Hauptaudit ein Stufe 1 Audit vorgeschaltet werden. Hierbei handelt es sich um ein verpflichtendes Voraudit mit dessen Hilfe ermittelt werden soll, ob die Organisation grundsätzlich auf das eigentliche Zertifizierungsaudit vorbereitet ist.

Um die Organisation in Hinblick auf dessen Qualitäts- und Zertifizierungsfähigkeit zu bewerten, muss sich der Auditor zunächst einen Überblick verschaffen. Eine erste, wichtige Maßnahme bildet dazu eine Betriebsbegehung. Ein solcher Rundgang ist für das Phase 1 Audit vorgeschrieben, denn so erhält der Auditor am ehesten einen ersten Eindruck hinsichtlich Räumlichkeiten und Betriebsausstattung sowie Produktions- bzw. Arbeitsbedingungen.

Den zeitlichen Hauptanteil eines Stufe 1 Audits bildet eine Dokumentenprüfung. Der Auditor verschafft sich dazu eine Übersicht über die Dokumente und Nachweise jedes Auditkapitels. Ein besonderes Augenmerk liegt dabei auf den Qualitätszielen, der Risikoausrichtung, der Prozesslandkarte und Prozessbeschreibungen sowie ausgewählter Aufzeichnungen, mit denen das Funktionieren des QM-Systems nachgewiesen werden kann.

Im Zuge der QM-orientierten Nachweise sind zum Stufe 1 Audit mindestens folgende Aufzeichnungen bereit zu halten:

- Interne Auditberichte der letzten 12 Monate,
- Protokoll des letzten Management-Reviews,
- Kundenzufriedenheitsanalysen, Dokumentation zu Kundenbeschwerden und -reklamationen,
- Leistungsparameter/Kennzahlen zur Prozessmessung, Produkt- und Dienstleistungskonformität.

Weiterhin dient das Phase 1 Audit dem Zweck, dass Hauptaudit zu planen und das Auditprogramm für den 3-jährigen Zertifizierungszyklus abzustimmen. Dabei ist durch den Zertifizierungsauditor sicherzustellen, dass nach dem Erstaudit jede Normanforderung innerhalb des dreijährigen Zertifizierungszyklus wenigstens ein weiteres Mal auditiert wird. So kann z. B. festgelegt werden, im ersten Überwachungsaudit nur die Produktion und Dienstleistungserbringung (Kap. 8.5) zu auditieren und auf eine Auditierung der Entwicklung (Kap. 8.3) zu verzichten, während im zweiten Überwachungsaudit die Produktion und Dienstleistungserbringung außer Acht gelassen und statt dessen die Entwicklung auditiert wird.

Darüber hinaus sind spätestens im Stufe 1 Audit etwaige ungültige Anforderungen (Ausschlüsse) einschließlich Begründung festzulegen und der Geltungsbereich der Zertifizierung und zugleich der Zertifikatstext zu bestimmen.[2]

[2] Sofern gewünscht, sollte auch eine englische oder andersprachige Formulierung des Zertifikatstexts vorbereitet werden. Dies ist Aufgabe der Organisation.

Im Rahmen all dieser Aktivitäten bietet das Stufe 1 Audit überdies die Möglichkeit, dass sich Auditor einerseits sowie Geschäftsleitung und QMB andererseits menschlich kennenlernen und die „Chemie" ausloten.

Im Laufe des Stufe 1 Audits werden durch den Zertifizierungsauditor üblicherweise einige kleinere Problembereiche, beispielsweise unzureichend umgesetzte Normenkapitel oder fehlende Prozessmessungen identifiziert. Diese Mängel sind dann durch die Organisation bis zum Hauptaudit zu beheben. Insofern sollte dieses Voraudit idealerweise zwei bis vier Wochen vor dem Hauptaudit stattfinden.

3.4 Durchführung des Zertifizierungsaudits

Jedes Zertifizierungsaudit (auch: Hauptaudit) wird stets strukturiert, also nach einem festgelegten Ablauf durchgeführt. Die Kernbestandteile sind

- das Eröffnungsgespräch,
- die Auditdurchführung,
- die Auditbewertung und das Erstellen von Auditaufzeichnungen sowie
- das Abschlussgespräch.

Da die Geschäftsführung an der Spitze der Organisation steht und in dieser Position für das Zertifizierungsaudit eine besondere Stellung einnimmt, sollten sich die Verantwortlichen der Wirkung ihres Verhaltens bewusst sein. Denn am Auftreten der obersten Leitung und an der vermittelten Einstellung gegenüber dem Auditor während des Zertifizierungsaudits lassen sich bereits Informationen zur Qualitätsfähigkeit der gesamten Organisation ableiten. Daher sollte die Geschäftsleitung Präsenz und Interesse zeigen, indem sie an den Eröffnungs- und Abschlussgesprächen sowie an etwaigen Tagesbriefings- und -debriefings teilnimmt. Eine ständige Auditbegleitung ist indes auch bei Kleinbetrieben nicht notwendig und wird daher vom Auditor im Normalfall nicht erwartet.

Eröffnungsgespräch

Das Eröffnungsgespräch bildet den Beginn des Auditprozesses vor Ort.[3] Üblicherweise wird dem Zertifizierungsauditor unmittelbar nach der Gesprächseröffnung durch den Geschäftsführer oder durch den QM-Beauftragten das Wort erteilt. Der Auditor stellt zunächst – sofern vorhanden – sein Auditteam vor und beschreibt den Zertifizierungsauftrag. Darüber hinaus erläutert er den Auditablauf anhand des Auditplans. Der Auditor klärt etwaige Unklarheiten und bittet um Zustimmung oder um Nennung von Änderungsbedarfen am Auditablauf. Kleine Anpassungen oder eine Änderung in der Reihenfolge der audititierten Bereiche und Prozesse stellen i. d. R. kein Problem dar.

[3] Detailliert sind die Anforderungen an das Eröffnungsgespräch in Kap. 6.5.1 der ISO 19011 formuliert.

Überdies werden weitere rechtliche und organisatorische Aspekte er- oder geklärt, so etwa die Bereitstellung eines Raums, die Frage der Begleitung und eventuell zu tragende Schutzausrüstung. An dieser Stelle wird üblicherweise auch die Berücksichtigung von Pausen vereinbart.

Seitens der Organisation sollten zum Eröffnungsgespräch in erster Linie die Geschäftsleitung und der QMB als auch etwaige weitere involvierte QM-Mitarbeiter anwesend sein. In der Regel ist es sinnvoll, wenn zudem die wichtigsten Vertreter der zweiten Hierarchieebene (z. B. Produktions-, Einkaufs- und Entwicklungsleiter) am Eröffnungsgespräch teilnehmen, weil ihr Tagesablauf für die Dauer des Zertifizierungsaudits spürbar beeinflusst werden kann.

Für Unsicherheit sorgt bisweilen die Frage, ob der Auditor bei mehrtägigen Audits einmal zum Abendessen mit der Geschäftsführung einzuladen ist. Bei einer langjährigen Auditbeziehung ist dies bisweilen kein schlechter Gedanke. Ansonsten steht es der Organisation als Auftraggeber frei. Erwartet wird es nicht, zumal auch Auditoren nach acht Stunden konzentrierter Arbeit den Tag im Hotel noch nachbereiten und Emails beantworten müssen.

Auditdurchführung

Hauptziel der Auditdurchführung ist es, die Übereinstimmung der betrieblichen Abläufe mit den Anforderungen der ISO 9001, des Kunden, des Gesetzgebers oder seiner Behörden sowie die Anforderungen etwaiger interessierter Parteien zu prüfen. Hierzu werden mittels Stichprobenprüfung Informationen gesammelt und bewertet. Dies erfolgt durch Interviews und Beobachtungen sowie durch Sichtung von Aufzeichnungen und Dokumenten.

Wenngleich der Auditor über sein Auditvorgehen und über Auditschwerpunkte selbst entscheidet, macht die ISO 19011 Vorgaben zum Mindestumfang eines Audits, unabhängig davon, ob es sich um ein Erst-, Überwachungs- oder Re-Zertifizierungsaudit handelt.

So umfasst jedes Zertifizierungsaudit immer auch ein Gespräch mit der Geschäftsleitung. Darin muss diese das eigene Selbstverständnis im Hinblick auf Qualität und Kundenorientierung darlegen und Auskunft über den aktuellen Stand der Leistungsfähigkeit des QM-Systems sowie zu Maßnahmen der Verbesserung geben können. Die Geschäftsführung sollte in der Lage sein, über die Ergebnisse der letzten Managementbewertung zu berichten. Es sollte aus dem Gespräch mit der obersten Leitung auch hervorgehen, wie und in welchem Umfang diese in die Erstellung oder Aktualisierung der Qualitätspolitik und Qualitätsziele eingebunden ist. Um Informationen zur Kundenorientierung zu erhalten, sollte die Geschäftsleitung im Gespräch mit dem Zertifizierungsauditor ebenso verdeutlichen können, welche Rolle sie selbst im Prozess der Kundenorientierung spielt.

Ein weiteres wichtiges Element von Zertifizierungsaudits bildet deren Prozessorientierung einschließlich einer Bewertung der Prozessleistung und -wirksamkeit. Um dieser Normenanforderung Rechnung zu tragen, werden Audits prozessorientiert durchgeführt. Dazu zieht der Auditor eine Stichprobe (z. B. eine Kundenanfrage oder einen Auftrag) am Prozessanfang und verfolgt diese über den gesamten Prozessablauf. Während der Prüfung wird der Auditor vor allem darauf achten, ob

- die Anforderungen an den Prozess erfüllt wurden.
- alle wichtigen Bestandteile des Prozesses identifiziert wurden und zur Anwendung kommen.
- hinreichend dokumentierte Informationen (Vorgaben, Aufzeichnungen/Nachweise) vorliegen.
- die Prozesswechselwirkungen/Schnittstellen hinreichend berücksichtigt werden (in der Dokumentation, wie auch bei der Arbeitsausführung im betrieblichen Alltag).
- Verantwortlichkeiten und Befugnisse definiert wurden.
- Indikatoren zur Bestimmung der Prozessleistung und -wirksamkeit vorliegen.

Ein nützliches Instrument, um die Vollständigkeit gerade der Kernprozesse festzustellen, ist die Nutzung eines Turtle Diagramms entsprechend Abb. 3.3.

Am Ende muss für den Zertifizierungsauditor nicht nur deutlich werden, dass die Prozesse den Anforderungen entsprechen, sondern auch, dass diese wirksam umgesetzt und aufrechterhalten werden. Zudem müssen sie in der Lage sein, die gewünschten Ergebnisse zu erzielen.

Auch Auditoren sind verpflichtet, ihre Arbeit zu dokumentieren und so rückverfolgbar zu gestalten. Hierzu muss jeder Auditor objektive Nachweise aufzeichnen. Aus diesem Grund machen sich Zertifizierungsauditoren während der Auditgespräche laufend Notizen und erkundigen sich z. B. nach Auftrags- oder Projektnummern, nach Datei- und

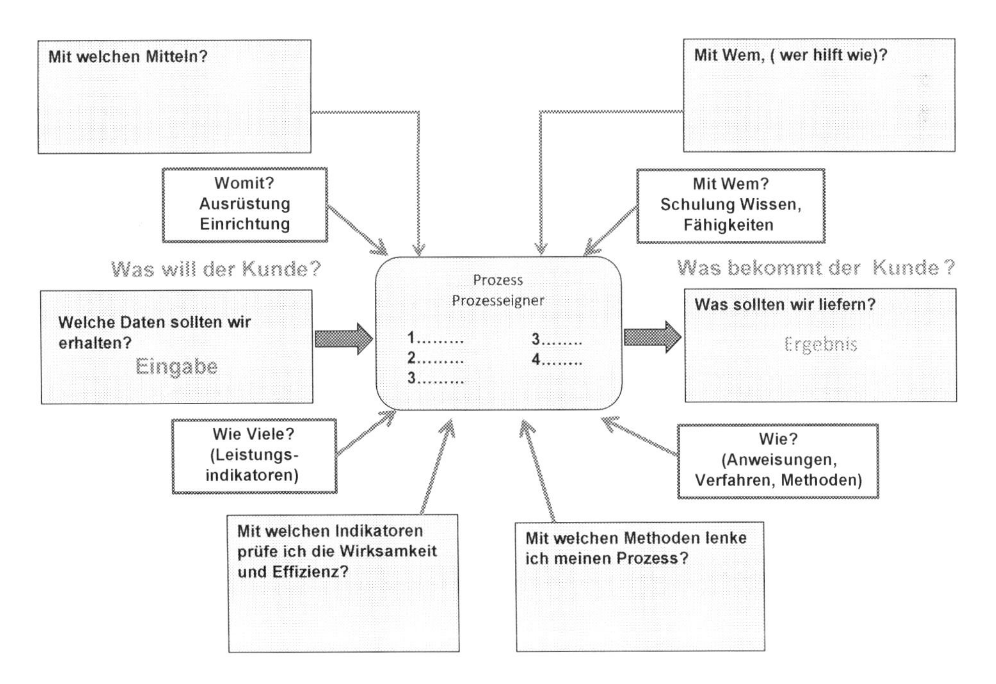

Abb. 3.3 TURTLE-Diagramm. (In Anlehnung an Hinsch 2014, S. 23)

Dokumentennamen sowie anderen Nachweisen mit denen die Durchführung der Arbeit bestätigt werden kann. Die ständige Anfertigung von Notizen während des Interviews hat also per se weder eine positive noch eine negative Bedeutung.

Am Ende jedes Auditabschnitts dankt der Auditor dem/den Befragten und gibt üblicherweise eine Ergebnis-Zusammenfassung. Bei mehrtägigen Zertifizierungsaudits ist es üblich, jeden Audittag mit einem Tagesabschlussgespräch zu beenden. An diesem nehmen dann die Geschäftsführung, der QMB und die im Laufe des Tages involvierten Führungskräfte teil. Der Auditor nennt darin Beobachtungen und Ergebnisse des abgelaufenen Tages. Zudem bietet ein solches Meeting Gelegenheit, Unstimmigkeiten und Abweichungen von der Auditplanung zu thematisieren.

Abschlussgespräch

Jedes Audit endet mit einem Abschlussgespräch.[4] Der Teilnehmerkreis entspricht üblicherweise dem des Eröffnungsaudits. Im Abschlussgespräch stellt der Auditor die Auditergebnisse vor. Hierzu gehört es, nicht nur etwaige Abweichungen zu erläutern, sondern auch positive Aspekte zu nennen. Sofern Beanstandungen ausgesprochen wurden, wird der Auditor das weitere Vorgehen und Fristen erklären.

Im Anschluss an die Mitteilung der Auditergebnisse informiert der Auditor über die Zertifizierungsempfehlung. Der Auditor selbst ist nicht befugt, die endgültige Entscheidung über das Auditergebnis zu übermitteln. Dies ist allein der Zertifizierungsgesellschaft vorbehalten. In der betrieblichen Praxis besteht jedoch praktisch kein Unterschied zwischen der Empfehlung des Auditors und der finalen Zertifizierungsentscheidung des Zertifizierers.

Im Abschlussgespräch muss der Auditor auch über Möglichkeiten und Wege informieren, wie Beschwerden über den Auditor oder etwaige Co-Auditoren eingereicht und wie Einsprüche zu Beanstandungen vorgenommen werden können.

Sofern bis dahin noch nicht geschehen, ist abschließend auch der Text (Tätigkeiten und Produkte) für das Zertifikat final abzustimmen sowie deren Form, Sprache(n) und die Zertifikatsanzahl festzulegen. Dazu sollte die Organisation den Zertifikatstext bereits vorher in allen gewünschten Sprachen ausgearbeitet haben.

Für die Organisation ist das Audit mit dem Abschlussgespräch i. d. R. beendet, es sei denn, dass Auditbeanstandungen formuliert wurden. In diesem Fall überreicht der Auditor pro Beanstandung einen Abweichungsreport, welche entsprechend des folgenden Unterkapitels abzuarbeiten sind.

Der Auditor muss im Nachgang zum Audit auch dann aktiv werden, wenn keine Beanstandungen identifiziert wurden, da er den Auditbericht zu erstellen und der Organisation zu übersenden hat. Erst im Anschluss an diese Tätigkeiten ist das Zertifizierungsaudit für alle Beteiligten abgeschlossen.

---

[4] Detailliert sind die Anforderungen zum Abschlussgespräch in Kap. 6.5.7 der ISO 19011 formuliert.

3.5 Umgang mit Auditbeanstandungen

Organisationen müssen auf allen betrieblichen Ebenen eine Fülle an Anforderungen erfüllen. Diese werden ihnen seitens der ISO 9001, durch Gesetze und Verordnungen, durch Behörden sowie von Kunden oder durch weitere involvierte Parteien auferlegt. Nicht immer gelingt es der Organisation dabei, alle geforderten Vorgaben anforderungsgerecht im betrieblichen Alltag umzusetzen. Es ist wesentliche Aufgabe eines Zertifizierungsaudits, solche Nichtkonformitäten zu identifizieren. Ist dies der Fall, muss der Auditor eine Nichtkonformität (auch: Beanstandung, Abweichung oder Finding) aussprechen (vgl. Tab. 3.1).

Nicht alle Nichtkonformitäten weisen dabei die gleiche Schwere auf, so dass es gem. Kap. 6.8 der ISO 19011 folgende Klassifizierungen gibt:

- wesentliche Nichtkonformität (auch: schwerwiegende oder major Abweichung bzw. Hauptabweichung)
- untergeordnete Nichtkonformität (kleine oder minor Abweichung bzw. Nebenabweichung),
- Empfehlung/Verbesserung.

Eine *wesentliche Nichtkonformität* liegt vor, wenn angenommen werden muss, dass die Nichterfüllung einer Anforderung[5]

1) zu einem Versagen wichtiger Bestandteile des QM-Systems führt,
2) wenn Prozesse nicht beherrscht werden oder
3) wenn damit gerechnet werden muss, dass die Nichtkonformität spürbare Auswirkungen für den Kunden hat.

Tab. 3.1 Häufigste Auditbeanstandungen nach Kapiteln

Normenkapitel 9001:2015	Inhalte des Normenkapitels
8.4	Beschaffung
8.5	Produktions- und Dienstleistungserbringung
9.1	Messung von Prozessen und Produkten
7.5	Dokumentationsanforderungen
4.4	Allgemeine Anforderungen an das QM-System
8.1	Planung der Produktrealisierung
7.1.5	Lenkung von Überwachungs- und Messmitteln
7.2 und 7.3	Personelle Ressourcen inkl. Bewusstsein
10	Verbesserung

[5] Vgl. ISO 19011, Kap. 6.8.

Eine Hauptabweichung liegt daher z. B. vor, wenn die Organisation keine Qualitätsziele (Kap. 6.2) definiert hat oder keine Managementbewertung (Kap. 9.3) durchgeführt wurde. Ein anderes Beispiel für eine schwerwiegende Abweichung ist das Fehlen notwendiger Prüfpunkte sowie ggf. Toleranzangaben im Wareneingang oder in der Fertigung. Die Nichterfüllung der Anforderung kann hier durch Auslieferung eines fehlerhaften Produkts unmittelbaren Einfluss auf den Kunden haben.

Eine *untergeordnete Nichtkonformität* liegt vor, wenn zwar die Nichterfüllung einer Anforderung gegeben ist, diese aber keine Hauptabweichung rechtfertigt. Es handelt sich also um singulär auftretende Fehler oder die Nichtkonformität einzelner Anforderungen ohne substanziellen oder nachhaltigen Einfluss auf das QM-System, auf die Prozesse oder auf Produkt bzw. Dienstleistung. Typische Beispiele für kleine Abweichungen sind Aufmerksamkeits- oder Gedächtnisfehler bei denen Tätigkeiten unterlassen oder vertauscht wurden. Auch unbewusst falsches Ausführen von Verfahren oder Tätigkeiten ebenso wie bewusste Abkürzungen und regelwidrige Vereinfachungen durch einzelne Mitarbeiter werden meist als Nebenabweichung klassifiziert. Treten jedoch gleiche oder ähnliche kleine Abweichungen mehrfach und/oder an verschiedenen Stellen innerhalb der Organisation auf, so kann dies ein Versagen wichtiger Teile des QM-Systems nach sich ziehen und als schwerwiegende Abweichung bewertet werden.

Beanstandungen werden in einem Abweichungsbericht (engl.: Non-Conformity Report – NCR) festgehalten. Über dieses Dokument wird die gesamte Abarbeitung der Beanstandung gelenkt. Dazu legt der Auditor noch während des Zertifizierungsaudits für jede Beanstandung einen eigenen NCR an und füllt darin einen ersten Abschnitt aus. Dort beschreibt der Auditor u. a. die Abweichung, benennt den zugehörigen Nachweis sowie die nichterfüllte Normanforderung und legt fest, ob es sich um eine Haupt- oder eine Nebenabweichung handelt.

Im Nachgang des Audits obliegt es der Organisation, die Ursache zu identifizieren. Allzu oft machen sich die Betroffenen eine Ursachenanalyse jedoch zu einfach, indem auch systematische Fehler als einmalige Schnitzer oder Patzer klassifiziert werden. Die Absicht dahinter ist nicht selten Bequemlichkeit, um die Beanstandung möglichst rasch schließen zu können. Es sollen jedoch die Ursachen behoben werden und nicht die Symptome. Mindestens bei schwerwiegenden Abweichungen muss daher in aller Regel ein methodisch fundiertes Vorgehen (z. B. 5W-Methode) nachgewiesen werden, welches erkennen lässt, dass auch die tieferen Fehlerursachen identifiziert wurden. Bei unzureichender Ursachenanalyse muss damit gerechnet werden, dass die Beanstandungsbehebung vom Zertifizierungsauditor als unzureichend zurückgewiesen wird.

Die angemessen analysierte Ursache und die eingeleitete (!) Korrekturmaßnahme sind durch Ausfüllen des zweiten NCR-Abschnitts zu dokumentieren und im Anschluss an den Auditor zurückzumelden. Hiermit wird zugleich das Schließen der Auditbeanstandung beantragt. Dies darf bei ISO 9001 auch schon während des Audits geschehen. Die Rückmeldung mittels NCR muss binnen 90 Tagen nach Ende des Audits erfolgen. Eine Ausnahme gilt, wenn der Auditor aufgrund potenziell dramatischer Auswirkungen des Findings eine Sofortmaßnahme einfordert: in diesem Fall hat die Korrektur innerhalb von 14 Kalendertagen zu erfolgen.

Nachdem die Organisation die ausgefüllten NCRs an den Zertifizierungsauditor zurückgesendet hat, obliegt diesem die Bewertung der ergriffenen Maßnahmen. Nur selten ist dazu ein Nachaudit vor Ort beim Kunden erforderlich. Im Normalfall lässt sich die Beanstandungsbehebung auf Basis der Angaben im NCR beurteilen. Ergänzend sind ggf. weitere Dokumente einzureichen (z. B. Maßnahmenplan, aktualisierte Prozessbeschreibungen, Aufzeichnungen), damit der Zertifizierungsauditor eine angemessene Bewertung vornehmen und den Abschluss des Findings genehmigen kann.

Erst wenn alle Auditbeanstandungen abgearbeitet und mittels NCR zurückgemeldet wurden, darf der Auditor seiner Zertifizierungsgesellschaft das Ausstellen oder die Verlängerung des Zertifikats empfehlen. Nach Rückmeldung aller NCRs benötigt der Zertifizierer üblicherweise zwei bis vier Wochen, um das Zertifikat zu übermitteln. Dauert dies länger, sollte bei der Zertifizierungsgesellschaft nachgehakt und Druck aufgebaut werden (nicht beim Auditor, da die Ursache üblicherweise beim Zertifizierer liegt).

3.6 Überwachungs- und Re-Zertifizierungsaudits

Überwachungsaudit

Das Überwachungsaudit (auch: Ü-Audit) findet nach einem Erst- oder Rezertifizierungsaudit zweimal in jährlichem Abstand statt und ist im Umfang deutlich kürzer als das Erst- oder das Re-Zertifizierungsaudit. Es findet nämlich keine Vollprüfung des QM-Systems statt, so dass der Aufwand um etwa 40–50 % geringer ausfällt. Der Umfang des Ü-Audits orientiert sich am Auditprogramm für den Zertifizierungszyklus, das im Stufe I Audit festgelegt wurde.

In jedem Überwachungsaudit muss der Zertifizierungsauditor die Kernbestandteile des QM-System prüfen.[6] Weiterhin ist die Prozesswirksamkeit und -leistung, die Fähigkeit zur Lieferung konformer Produkte und Dienstleistung sowie die Kundenzufriedenheit zu bewerten. Darüber hinausgehende Prüffelder während des Ü-Audits sind die Umsetzung von Folgemaßnahmen aus dem vorherigen Zertifizierungsaudit sowie Änderungen am Qualitätsmanagementsystem, die seit dem letzten Audit vorgenommen wurden.

Re-Zertifizierungsaudit

Das Re-Zertifizierungsaudit findet alle drei Jahre statt und entspricht im Umfang dem Erst-Audit.[7] Das Re-Zertifizierungsaudit dient dazu, das Zertifikat zu erneuern. Während dieses Audits wird, anders als beim Überwachungsaudit, die Erfüllung aller Normenanforderungen geprüft. Einen Schwerpunkt bildet auch hier eine Überprüfung der Prozesswirksamkeit und Prozessleistung, die Bewertung der Fähigkeit zur Lieferung konformer

[6] Die Anforderungen an das Ü-Audit sind in ISO 17021, Unterkapitel 9.3 enthalten.

[7] Die Anforderungen an das Re-Zertifizierungsaudit sind in Kap. 9.4 der ISO 17021 formuliert.

Produkte und Dienstleistung sowie eine Beurteilung der Kundenzufriedenheit. Weiterhin richtet sich der Blickwinkel auf die Umsetzung von Folgemaßnahmen aus dem letzten Zertifizierungsaudit sowie seitdem vorgenommenen Änderungen am QM-System.

Das Fehlen wesentlicher QMS-Bestandteile oder das wiederholte Unterlassen der Behebung von Beanstandungen müssen zu einer Aussetzung des Zertifikats führen.

Einem Re-Zertifizierungsaudit schließt sich in den jeweils zwei darauffolgenden Jahren erneut ein jährliches Überwachungsaudit an.

Audit aus besonderem Anlass

Neben geplanten Überwachungs- und Re-Zertifizierungsaudits gibt es Audits aus besonderem Anlass. Die Gründe hierfür können z. B. der Wechsel des Zertifizierers oder die Erweiterung des Geltungsbereichs (z. B. neue Standorte oder das Entfallen bisher ungültiger Bereiche) außerhalb des bestehenden Zertifizierungszyklus sein. Üblicherweise sind diese Ereignisse oder Veränderungen jedoch nicht derart dringend, dass hierfür nicht bis zum nächsten regulären Zertifizierungsaudit gewartet werden kann.

Sehr selten, aber dennoch möglich, sind Audits aus besonderem Anlass nach schweren Kundenbeschwerden. In diesem Fall muss die Organisation ein gesondertes Audit über sich ergehen lassen und selbst die Kosten dafür tragen, sofern das Zertifikat nicht entzogen werden soll.

4 Kontext der Organisation

4.1 Verstehen der Organisation und ihres Kontextes

Das Kap. 4.1 enthält zunächst die Aufforderung, sich als Organisation der eigenen Position innerhalb des Marktes und des Umfelds bewusst zu werden. Es geht hier um die Beantwortung betrieblicher Fragen jenseits des operativen Tagesgeschäfts, mit denen sich jede Organisation konfrontiert sieht:

- Wo und in welcher Weise beeinflusst das interne und externe Umfeld die Leistungserbringung, das QM-System und die Qualitätsziele?
- Welche internen und externen „Baustellen" beschäftigen den Betrieb jenseits des operativen Tagesgeschäfts.
- Was ist das Alleinstellungsmerkmal/der USP des Unternehmens und wie bzw. mit welchen Produkten sieht man sich künftig am Markt?

Nur wenn eine Organisation Antworten auf diese Fragen geben kann, ist es möglich, sich im eigenen Umfeld strategisch so auszurichten, um die selbst gesteckten Ziele nachhaltig zu erreichen. Zu vielen Organisationen, gerade kleinen und mittleren Unternehmen fehlt eine echte strategische Ausrichtung, weil es bereits an einem Bewusstsein dafür mangelt, wo die Reise langfristig hinführen soll und welchen Einfluss das Umfeld auf den Erfolg der Organisation hat. Die Einstellung ist noch zu sehr geprägt vom Gedanken „We will do it, as we always did". Auch wenn solche Betriebe ihre Strategie aktuell erfolgreich fahren, reicht dies langfristig i. d. R. nicht. Selbst wenn seitens der Geschäftsführung ein Bild darüber besteht, wohin die Reise gehen soll, fehlt oft genug ein systematisches und strukturiert nachverfolgendes Vorgehen.

In der EU sind die Märkte immer mehr durch Verdrängung als durch Wachstum geprägt. Die Fähigkeit und Bereitschaft, sich angemessen mit internen und externen

M. Hinsch, *Die ISO 9001:2015 – Ein Ratgeber für die Einführung und tägliche Praxis*,
https://doi.org/10.1007/978-3-662-56247-5_4

Einflussfaktoren und mit deren Auswirkungen auf die eigene Leistungserbringung auseinanderzusetzen, ist daher langfristig für jede Organisation eine Existenzfrage.

Ausgangspunkt bildet eine genaue Kenntnis darüber, wie die eigene Organisation intern und nach Außen aufgestellt ist und wo sie im Marktumfeld steht. Für die Festlegung einer erfolgversprechenden strategischen Ausrichtung bedarf es also einer Positionsbestimmung. Insoweit fordert die Norm eine regelmäßige Reflexion der eigenen internen Lage sowie des externen Umfelds. Typische Aspekte für eine Bewertung sind der Status und ggf. die Anpassung des Produktportfolios, Betriebserweiterungen, Innovationen und technische Entwicklungen, Auswirkungen der Digitalisierung oder Personalsituation, Marktausrichtung von Wettbewerbern, Nachfrageentwicklung der Kunden, gesetzgeberische Initiativen, Aktivitäten von Kammern und Verbänden etc.

In einem Zertifizierungsaudit muss dem Auditor aus dem Gespräch mit der Geschäftsführung klar werden, dass diese die eigenen betrieblichen Stärken und Schwächen kennt, sich der marktseitigen Chancen und Risiken bewusst ist und sich systematisch und nachvollziehbar mit diesen Themen auseinandersetzt. Bei einem 10-Mann-Handwerksbetrieb kann es dazu ausreichen, dass der Chef mittels kurzer, dokumentierter Übersicht überzeugend seine Geschäftsposition darlegen kann, z. B. mit folgenden Aussagen:

- Geselle Schulz ist zu unzuverlässig, bei dem muss Meister Schulze stets noch mal „drüber schauen".
- Im Nachbarort wird ein Wettbewerber sein Geschäft in sechs Monaten altersbedingt schließen, unter Umständen ist es möglich, dort einen Mitarbeiter und Aufträge zu übernehmen.
- Die große Fräse ist 30 Jahre alt und muss in spätestens zwei Jahren erneuert werden.
- Die steuerliche Absetzbarkeit von Handwerksleistungen in Privathaushalten hat unser Geschäft ein wenig beflügelt, aber die Regelungen zum Mindestlohn werden vielleicht dazu führen, dass die große Fräse noch ein Jahr länger halten muss, weil ich jetzt meinen Hilfskräften 2 EUR mehr Lohn die Stunde zahlen muss.

Diese und eine Handvoll weiterer Aussagen werden bei kleiner Organisationsgröße i. d. R bereits ausreichen. Schließlich wurden die wesentlichen Entwicklungen im Bereich Markt, Wettbewerb, Ressourcen, Gesetzgebung dargestellt. Da ebenso Maßnahmen skizziert wurden, kann auch von einem ausreichenden Bewusstsein ausgegangen werden.

In Konzernstrukturen reichen derart einfache Darlegungen nicht aus. Hier muss, im Gespräch mit der Geschäftsführung, aber auch im gesamten Auditverlauf ein systematisches und dokumentiertes Handeln nachgewiesen werden. Hier sind z. B. die folgenden Planungen bzw. Managementsysteme nachzuweisen, um den Eindruck einer angemessenen Umfeld-Beobachtung und Organisationsbeherrschung zu gewinnen:

- Unternehmensstrategie,
- Finanz-, Investitions- und Projektplanungen
- Markt- und Wettbewerbsanalysen,
- Risikoaktivitäten/-management,

- Beobachtung volkswirtschaftlicher Gesamtgrößen (z. B. Zinsen, Wechselkurse),
- Berichte zur Produktentwicklung.

4.2 Verstehen der Erfordernisse und Erwartungen interessierter Parteien

ÜBEREINSTIMMUNG MIT DER ISO 9001:2008:
0 %
BISHERIGES KAPITEL:
keines
ÄNDERUNGEN:
Kapitelinhalte sind gänzlich neu

Betriebe müssen sich nicht nur mit der Frage auseinandersetzen, was ihre Leistungserbringung beeinflusst, sondern auch, wer Einfluss nimmt. Diese Einflussnehmer werden als interessierte Parteien (engl. auch Stakeholder) bezeichnet. Bei diesen handelt es sich um all jene Institutionen, Gruppierungen, oder Personen (Stakeholder), die direkt oder indirekt Einfluss auf die Leistungserbringung der Organisation nehmen. Zu möglichen interessierten Parteien zählen somit direkte oder indirekte Kunden, Lieferanten, Gewerkschaften, Verbände, Initiativen oder Kammern sowie Wettbewerber, Kapitalgeber und Partner, aber auch Think Tanks oder Medien. Während also entsprechend Kap. 4.1 die dinglichen Einflussfaktoren auf die Organisation zu bestimmen und zu verfolgen sind, fordert Kap. 4.2 dazu auf, deren Verantwortliche zu kennen und im Rahmen der eigenen Wertschöpfung im Blick zu haben. In diesem Kapitel tritt die Stakeholder-Orientierung der ISO 9001:2015 am deutlichsten zu Tage.

Organisationen müssen sich darüber im Klaren sein, *wer* ihre Leistungserbringung in welcher Weise beeinflusst. Dabei geht es keineswegs darum, die ausgesprochenen und nicht ausgesprochenen Erwartungen aller Stakeholder tatsächlich zu erfüllen. Organisationen sollen nur nicht isoliert in ihrem Kosmos wirken. Sie sollen ihre interessierten Parteien und deren Bedürfnisse kennen, analysieren und daraus ihre Schlüsse für die eigene Leistungserbringung ziehen sowie ggf. (!) einen Handlungsbedarf ableiten. Im Vordergrund steht somit die dauerhafte Etablierung eines Bewusstseins seitens der Geschäftsleitung für die Sichtweisen, Anforderungen und Bedürfnisse der Marktteilnehmer.

In einem Zertifizierungsaudit des zuvor beispielhaft genannten 10-Mann-Handwerksbetriebs wird es i. d. R ausreichen, dass der Chef folgende interessierte Parteien kennt und deren wesentliche Anforderungen sowie mögliche Chancen und Risiken (schriftlich) darlegen kann.

- Hauptkunden und deren Endkunden
- Privatkunden,

- Bankberater,
- Steuerberater,
- lokale Wettbewerber,
- Geschäftsführer seines Baumarkts oder Großhändlers (in dessen Funktion als Lieferant und Informationsquelle für Produktentwicklungen)
- ggf. Handwerkskammer (für Neuigkeiten hinsichtlich wettbewerblicher oder gesetzlicher und anderer regulativer Entwicklungen)
- ggf. Bürgermeister und Pfarrer (für akquisitionsrelevante Informationen)

Flughafenbetreiber sind indes ein Beispiel für das andere Extrem, weil diese mit zahllosen interessierten Parteien konfrontiert werden. Hier sind v. a. die Anforderungen, Chancen und Risiken sowie Maßnahmen für die folgenden Gruppen aufzunehmen und zu koordinieren:

- Kunden und Kundengruppen (Airlines, Einzelhandel, Cargo-Abwickler),
- Indirekte Kunden (Passagiere – getrennt nach First- Business- und Economy, Spediteure, Kunden der Spediteure),
- Andere Verkehrsträger (Deutsche Bahn, lokales Taxi-Gewerbe, ÖPNV),
- Lieferanten (für Kunden und eigene Wertwertschöpfung),
- Politik (Kommune, Land, Bund, EU),
- Eigentümer (i. d. R Bund, Land, Kommune = Politik)
- lokale, überregionale und internationale Behörden (Bau- oder Gesundheitsbehörde, Polizei, Zoll, Luftfahrt-Bundesamt, UNO-Luftfahrtbehörde ICAO, TSA),
- Bürgerinitiativen,
- Verbände und Vereine (Greenpeace, BUND),
- Arbeitnehmervertretungen.

Bei Großunternehmen ist es i. d. R. notwendig, dass es „Kümmerer", d. h. Stellen oder Abteilungen gibt, die sich mit den Belangen dieser interessierten Parteien systematisch auseinander setzen und in einem Zertifizierungsaudit befragt werden können.

4.3 Festlegung des Anwendungsbereichs des QM-Systems

Die ISO 9001 ist eine branchenunabhängige Norm, die sowohl für eine internationale Spedition, für einen mittelgroßen Softwareentwickler aber ebenso für eine Landarztpraxis oder eine Klempnerei anwendbar sein muss. Unter diesen Bedingungen sind Kompromisse notwendig und so lassen sich nicht immer alle Normenvorgaben auf jede Organisationen anwenden. Beispielsweise wird ein Unternehmen, das Reinigungsdienstleistungen erbringt, kaum Entwicklungen durchführen. Wie bereits in der früheren Version der ISO 9001 dürfen daher nicht anwendbare Anforderungen von der Anwendung ausgeschlossen bzw. für nicht anwendbar erklärt werden.

Solche Ungültigkeiten sind nur dann zulässig, wenn die auszuschließenden Normenbestandteile nicht das QM-System, die Kundenzufriedenheit bzw. die Produkt- oder Dienstleistungskonformität tangieren. Nicht-Anwendbarkeiten werden im Zertifizierungsalltag weitestgehend auf Kap. 8 beschränkt bleiben.

4.4 Qualitätsmanagement und dessen Prozesse

ÜBEREINSTIMMUNG MIT DER ISO 9001:2008:
90 %
BISHERIGES KAPITEL:
Kap. 4.1 – Allg. Anforderungen an das QM-System
ÄNDERUNGEN:
Es müssen Prozessin- und outputs festgelegt sein

Kap. 4.4 behandelt allgemeine Basisanforderungen an das QM-System sowie Anforderungen an die Prozessorientierung.

Eingangs wird in Kap. 4.4 das dauerhafte Vorhandensein eines wirksamen QM-Systems gefordert. Eine nähere Betrachtung dieser Normanforderung lohnt an dieser Stelle nicht, da dessen spezifische Bestandteile in allen folgenden Kapiteln der ISO 9001 nochmals formuliert sind.

Der wesentliche Teil des Kap. 4.4 widmet sich der betrieblichen Prozessorientierung. Mit den entsprechenden Normanforderungen wird beabsichtigt, dass sich die Leistungserbringung am idealen Prozessablauf ausrichtet und nicht allein durch die funktionale Organisationsstruktur (Hierarchie) bestimmt wird. Damit soll eine stärkere Orientierung der Wertschöpfung an den Bedürfnissen des Kunden erreicht werden. Denn die funktionale Ausrichtung am Organigramm begünstigt mehr die Durchsetzung abteilungsspezifischer Einzelinteressen als die Steigerung der Kundenzufriedenheit. Demgegenüber ist die prozessorientierte Aufbauorganisation ressourcenschonender und stärker auf die Kundenbedürfnisse ausgerichtet. Die Organisation richtet sich nämlich stärker am Ergebnis der Leistungserbringung und weniger an den Abteilungsinteressen aus.

Aufgrund der Prozessorientierung muss eine Organisation alle für die Leistungserbringung erforderlichen Prozesse bestimmen, wie vorgesehen durchführen, überwachen und kontinuierlich verbessern. Die Aufzählung in Normenkapitel 4.1 gibt weitere Hinweise zur Umsetzung der Prozessorientierung, wobei zahlreiche Vorgaben an anderen Stellen der Norm nochmals detaillierter formuliert sind (und daher an dieser Stelle nicht weiter erläutert werden):

a. In- und Outputs der Prozesse sind zu definieren. Diese Angaben sollten in den Verfahrensanweisungen bzw. Prozessbeschreibungen hinterlegt sein. Alternativ bietet es sich an, Prozess-Turtles (Schildkrötendiagramme) zu verwenden.

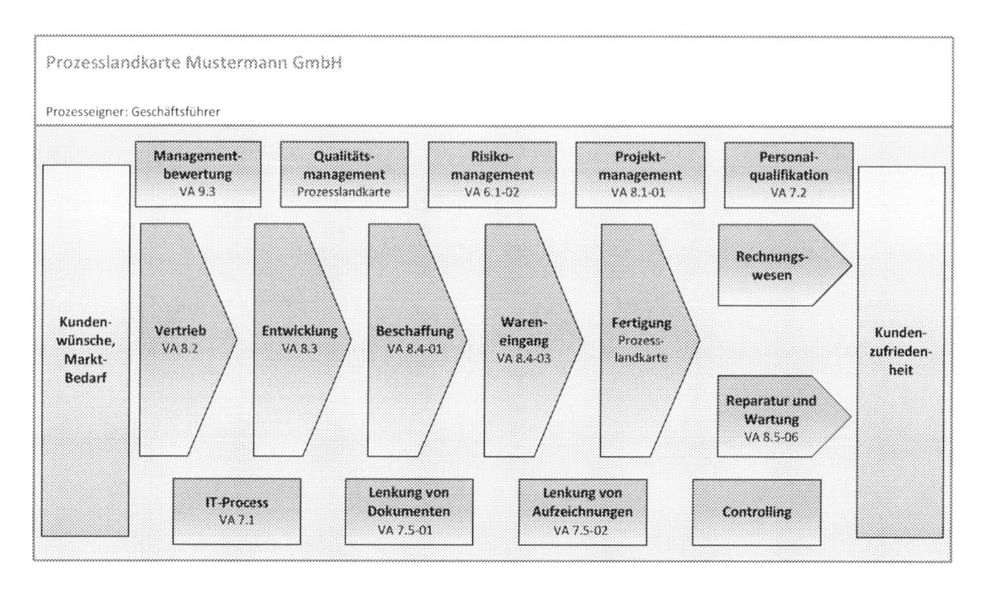

Abb. 4.1 Beispiel für eine betriebliche Prozesslandkarte. (In Anlehnung an Hinsch 2018, S. 24)

Beispiel für einen Fertigungsprozess:
Input: Material, Zukaufteile und Arbeitskarten aus der Planung.
Output: von QS freigegebenes Bauteil, abgestempelte Arbeitskarte, Prüfbericht

b. Es ist nicht ausreichend, die betrieblichen Prozesse für sich alleinstehend festzulegen. Es muss auch definiert sein, in welcher Beziehung die Prozesse zu einander stehen. Diese Wechselwirkungen können z. B. durch die IT-Struktur vorgegeben, durch Prozessbeschreibungen schriftlich fixiert oder durch Best Practice Erfahrungen sowie langjährige Gewohnheit in Verbindung mit dem gesprochenen Wort festgelegt sein. Die Zusammenhänge der Kernprozesse und wichtiger Unterstützungs- und Führungsprozesse sind auf übergeordneter Ebene mittels einer Prozesslandkarte (vgl. Abb. 4.1) abzubilden. Auf Prozessebene sind Wechselwirkungen in Prozessbeschreibungen über angrenzende Prozesse zuvisualisieren sowie ggf. ergänzend in Prosa zu beschreiben.
c. siehe auch Kap. 9.1
d. siehe auch Kap. 7.1.1
e. siehe auch Kap. 5.3 b)
f. siehe auch Kap. 6.1
g. siehe oben, Aufzählungspunkt c.
h. siehe oben, Aufzählungspunkt f.

In Kap. 4.4.2 ist die Forderung formuliert, dass zu den Prozessen dokumentierte Informationen zu erstellen und zu nutzen sind. Art und Umfang orientieren sich an den betrieblichen Gegebenheiten. Diese Normenvorgabe findet sich ähnlich in Kap. 7.5.1.

5 Führung

Kap. 5 setzt sich mit den Kernaufgaben der Geschäftsführung (oberste Leitung) auseinander. Die Führungsebene hat eine nicht delegierbare Verantwortung für Qualität und steht daher in der Pflicht, die Organisation zu führen sowie die betriebliche Kunden- und Qualitätsorientierung zu fördern und zu fordern.

Dabei scheinen zugleich Anforderungen an eine qualitätsorientierte Führung mit klarem „Leadership"-Verhalten, also einem modernen Managementansatz, durch. Die Geschäftsleitung muss nicht nur anweisen, sondern „verständlich machen" und zeigen, wohin sie die Mitarbeiter „mitnehmen" will. Nur so wird es gelingen, das Bewusstsein zu schärfen und das Personal zu motivieren, ihren Beitrag zur Erreichung der langfristigen Organisationsziele zu leisten.

5.1 Führung und Verpflichtung

5.1.1 Allgemeines

Die Geschäftsleitung ist das letzt-instanzliche Führungsorgan einer Organisation und trägt damit eine besondere Verantwortung für alle geschäftlichen Belange. Dies gilt insoweit auch für das Qualitätsmanagement. Mit seinem Handeln beeinflusst die Geschäftsführung die innerbetriebliche Bedeutung, den Anwendungsgrad und damit die Leistungsfähigkeit des Qualitätsmanagements. Mit der Einstellung der Geschäftsführung zum Qualitätsmanagement steht und fällt dessen Erfolg und Akzeptanz in der gesamten Organisation. Daher fordert die Norm, den Blickwinkel auf Führung im Sinne einer Schaffung von Motivation, Verständnis und Bewusstsein zu richten. Die Mitarbeiter müssen verstehen, was ihre jeweiligen Aufgaben sind und wohin das Management sie mitnehmen will. Dies umfasst u. a. eine verständliche Vermittlung und Sicherstellung, also einer Verinnerlichung von

M. Hinsch, *Die ISO 9001:2015 – Ein Ratgeber für die Einführung und tägliche Praxis*,
https://doi.org/10.1007/978-3-662-56247-5_5

- Prozessen und ihren Wechselwirkungen,
- Bedeutung und Aufgaben eines leistungsfähigen QM-Systems,
- Qualitätspolitik und Qualitätszielen (vgl. auch Kap. 5.2.2),
- Auswirkungen nicht konformer Leistungserbringung und damit eines
- risikobasiertem Handeln.

Überdies wird von der Geschäftsleitung erwartet, ein wirksames und normenkonformes QM-System zu etablieren, aufrechtzuerhalten und laufend zu verbessern. Dies umfasst vor allem die Verantwortung für die Durchführung folgender Tätigkeiten:

- Festlegung und Kommunikation von Qualitätspolitik und Qualitätszielen,
- Etablierung einer strikten Qualitäts-, Prozess-, Risiko- und Kundenorientierung,
- Einrichtung wiederholt beobachtbarer Prozessabläufe,
- Definition von Rollen, Verantwortlichkeiten und Berechtigungen,
- Bereitstellung der notwendigen Ressourcen,
- Systematische Ergebnisüberwachung und -verfolgung,
- Etablierung eines Verbesserungsmanagements,
- Führung und Verantwortung gegenüber Mitarbeitern und
- Unterstützung untergeordneter Führungskräfte.

Im Hinblick auf den einzuschlagenden Weg bleibt der Normentext beim Thema Führung und Leadership jedoch unpräzise und formuliert damit auch keine Erwartungen, wie diese Anforderung („Führung zeigen") methodisch zu erfüllen ist. Das *Wie* bleibt in der Aufzählung a)–j) des Normenkap. 5.1.1 also auf einem vergleichsweise abstrakten Beschreibungsniveau. Dies ist für Management-Normen nicht ungewöhnlich, macht es aber gerade bei weichen Themen, wie Leadership, sehr schwierig, eine Abweichung zu formulieren. Besonders deutlich wird dies in Kap. 5.1.1 g) und i). Hinzu kommt, dass eine Abweichung, mit der Verpflichtung einer Verhaltensänderung seitens der Geschäftsführung (und damit einer Kritik am Führungsstil) scheitert daher entweder an der Nachweisführung oder am Damoklesschwert des Mandatsverlusts für die Zertifizierungsgesellschaft scheitert.

Abgesehen von der Anforderung 5.1.1 e) hinsichtlich der Förderung einer Prozessorientierung sowie die Punkte i) und k) zur *Leadership* werden alle weiteren Anforderungen dieses Kapitels jedoch im weiteren Normentexts direkt oder indirekt konkretisiert und können an dieser Stelle vernachlässigt werden.

5.1.2 Kundenorientierung

Neben der Prozessausrichtung bildet die strikte Kundenorientierung ein Basismerkmal der ISO 9001:2015. Kundenorientierung im Sinne der Norm bedeutet, dass vom Kunden formulierte Anforderungen und Bedürfnisse aufgenommen, systematisiert, bewertet und schließlich im Produkt oder in der Dienstleistung berücksichtigt werden. Die Organisation muss dabei auch in der Lage sein, vom Kunden nicht genannte Bedürfnisse zu identifizieren und in die Leistungserbringung einfließen zu lassen. Das dafür notwendige Know-how kann z. B. aus Marktkenntnissen oder eigenen Trendanalysen, der Erfahrung mit bzw. Informationen von Kunden, interessierten Parteien oder aus zurückliegenden Aufträgen stammen.

Für die Sicherstellung einer langfristigen Kundenorientierung nennt die Norm neben einer Erfülluing der Anforderungen an Produkt und Dienstleistung auch das Management von Risiken einerseits und das Ergreifen von Chancen bzw. Verbesserungen andererseits. Beide Verpflichtungen werden dazu detailliert an anderer Stelle der Norm formuliert (Kap. 8.2.3 sowie Kap. 6.1 und Kap. 10) und haben in diesem Kapitel zur Kundenorientierung daher mehr nachrichtlichen als handlungsanweisenden Charakter.

Neu ist die Normenvorgabe Kundenorientierung nicht nur zu verantworten, sondern auch zu leben („zeigen"). Im betrieblichen Alltag lässt sich dies umsetzen, indem die Geschäftsleitung sichtbar Wert auf Kundenorientierung legt, z. B. durch pro-aktive Kundenkommunikation, Identifikation und Umsetzung nicht explizit genannter Kundenbedürfnisse, durch innerbetriebliche Kommunikation eines Selbstanspruchs im Hinblick auf die Kundeninteraktion, durch Beseitigung von Risiken oder Bereitstellung von Produkt- Aktualisierungen.

Die Verfolgung der Kundenzufriedenheit kann im Zertifizierungsaudit dadurch nachgewiesen werden, dass diese in den Qualitätszielen berücksichtigt wird. Hierzu lassen sich z. B. die folgenden Werte heranziehen:

- Liefertermintreue (On-time-delivery – OTD),
- Produkt- bzw. Dienstleistungskonformität,
- Beschwerden und Reklamation und Garantie-Inanspruchnahmen,
- Kundenzufriedenheit mittels Befragung oder strukturierte Gespräche/Interviews.

Weitere Informationen zur Kundenorientierung finden sich in Abschn. 3.3 dieses Buchs.

5.2 Qualitätspolitik

In der Qualitätspolitik sind die Qualitätsleitlinien und der Qualitätsanspruch der Organisation niedergeschrieben. Es handelt sich hierbei um Grundsätze, die aufzeigen, wie die Geschäftsleitung die eigene Organisation positioniert sieht bzw. sehen möchte. Bei der Formulierung der Qualitätspolitik besteht kein Zwang, dass die Qualitäts-, Prozess oder Kundenorientierung in jedem zweiten Satz explizit hervorsticht. Es muss aber deutlich werden, dass die Geschäftsleitung dem Thema Qualität einen hohen Stellenwert beimisst und qualitätsorientierte Akzente setzt. Dabei muss das Gesamtpaket der Qualitätspolitik in sich schlüssig sein und stimmen. Die Qualitätspolitik muss nicht nur für den Zweck der Organisation angemessen sein, es wird explizit darauf hingewiesen, dass diese zugleich eine Leitlinie für die strategische Ausrichtung sein muss (Kap. 5.2.1 a). Zugleich ist darauf zu achten, dass die Formulierung der Politik so gewählt ist, dass sich an ihr die Qualitätsziele ausrichten lassen.

Zur Qualitätspolitik gehört eine Erklärung der Geschäftsleitung, mit der diese sich verpflichtet, Sorge dafür zu tragen, dass

- die Kundenanforderungen stets erfüllt werden,
- auf die Einhaltung der gesetzlichen sowie behördlichen Vorgaben jederzeit geachtet wird und
- dass das QM-System einem Prozess der ständigen Verbesserung unterliegt.

Ein Beispiel für eine solche Verpflichtungserklärung ist am Ende dieses Kapitels aufgeführt.

Damit die Qualitätspolitik einen praktischen Nutzen hat, muss diese gegenüber den Mitarbeitern kommuniziert, von ihnen verstanden und angewendet werden. Nur so kann die Qualitätspolitik als Führungsinstrument genutzt werden. Es kommt also darauf an, dass dem Personal deutlich wird, wohin sie das Management „mitnehmen" will. Die Qualitätspolitik muss dokumentiert vorliegen – wo und in welcher Form ist nicht vorgeschrieben. Bei Kleinstbetrieben ist so z. B. auch ein Aushang in der Teeküche zulässig. Wird weiterhin das QM-Handbuch zur Dokumentation genutzt, empfiehlt sich, ergänzend auch eine Bekanntmachung mittels Email-Rundschreiben oder durch Aushang am Schwarzen Brett oder gerahmt daneben, was dann deren Wertigkeit unterstreicht. Ob Küche, Infoboard, Eingangsbereich oder Toilette – wichtig ist es, einen Ort zu finden, an dem die Mitarbeiter die Qualitätspolitik wahrnehmen. Daher ist eine Dokumentation im QM-Handbuch alleine üblicherweise nicht zielführend.

Die Qualitätspolitik ist regelmäßig, d. h. mindestens einmal jährlich, üblicherweise im Zuge der Managementbewertung (vgl. Kap. 9.3) zu überprüfen und ggf. anzupassen.

Die Qualitätspolitik hat i. d. R einen eher unspezifischen, bisweilen visionären Charakter, so dass dieser eine Strategie nachzulagern ist. Während in der Qualitätspolitik Ausrichtung und Schwerpunkte formuliert sind, geht die Strategie weiter und enthält überdies auch grob Wege und Instrumente für die Umsetzung des Qualitätsanspruchs. Eine Strategie als Schritt zwischen Politik einerseits und Qualitätszielen andererseits ist in der ISO 9001 nicht explizit erwähnt. Die Geschäftsleitung ist jedoch zu einer angemessenen Planung verpflichtet, sodass auf eine langfristige (strategische) Organisationssteuerung nicht verzichtet werden kann. Die Strategie ist üblicherweise schriftlich zu fixieren, wobei es in kleineren und mittleren Unternehmen (KMU) ausreichend sein kann, wenn der Chef diese im Kopf hat und während des Zertifizierungsaudits nachvollziehbar darlegen kann.

Neu ist die ISO-Vorgabe 5.2 c), wonach die Qualitätspolitik interessierten Parteien (auf Anforderung) zur Verfügung zu stellen ist. Die Wortwahl ist dabei jedoch derart weich formuliert („*relevante* interessierte Parteien" und „soweit angemessen"), dass eine Organisation, welche diese Vorgabe nicht erfüllen will, in der täglichen Praxis meist auch eine Begründung dafür finden wird. Denn was „angemessen" und wer „relevant" ist, liegt wesentlich im Ermessen der Geschäftsführung.

Beispiel Qualitätspolitik und Verpflichtungserklärung

Die Geschäftsführung der Mustermann GmbH betrachtet Qualität und Kundenorientierung als strategisches Unternehmensziel. Wir haben die folgenden Qualitätsgrundsätze als Auftrag an uns und unsere Führungskräfte aufgestellt, mit der Verpflichtung, diese Unternehmensgrundsätze bekannt zu machen, vorzuleben und daraus Ziele abzuleiten, die zu ihrer Erfüllung führen:

1. Wir wollen kontinuierlich wachsen. Mit unseren hochwertigen Produkten wollen wir nicht nur europäische Kunden bedienen, sondern in den nächsten Jahren zunehmend auch auf dem amerikanischen Markt überzeugen.
2. Innovationen entscheiden über unsere Zukunft. Wir sind mit unseren Produkten und Dienstleistungen technisch führend und entwickeln diese kontinuierlich weiter.
3. In unserem Marktsegment wollen wir als Premium-Anbieter wahrgenommen werden. Dies gelingt nur, wenn wir unsere Produkte in der erwarteten und geforderten Qualität erbringen. Die Erfüllung der Qualitätsansprüche und der individuellen Wünsche unserer Kunden sind daher unser Leistungsmaßstab.
4. Wir erwarten von unseren Lieferanten den gleichen Qualitätsanspruch, den wir auch an uns selbst stellen.
5. Wir machen den gleichen Fehler nur einmal. Ständige Verbesserung und detaillierte Ursachenanalysen sind uns daher ein wichtiges Anliegen.

Für die Umsetzung dieser Qualitätsleitlinien ist in unserem Unternehmen ein Qualitätsmanagementsystem entsprechend der ISO 9001 etabliert, das in allen Betriebsbereichen Anwendung findet. Dies soll unseren Führungskräften und Mitarbeitern helfen, die Kundenforderungen stets zu erfüllen und die Einhaltung der Gesetze und behördlichen Vorgaben dauerhaft sicherzustellen. Hierbei können sie auf die Unterstützung unseres Qualitätsmanagementbeauftragten (QMB) zählen, der dafür Sorge trägt, dass das QM-System von allen Mitarbeitern eingehalten, gelebt und weiterentwickelt wird. Hierfür erhält der QMB die volle Unterstützung der Geschäftsleitung.

Hamburg, im Juli 2018

____

Peter Mustermann
Geschäftsführer Mustermann GmbH

5.3 Rollen, Verantwortlichkeiten und Befugnisse der Organisation

Organisationen müssen Verantwortlichkeiten und Befugnisse für ihre Abteilungen, aber auch für einzelne Mitarbeiter definieren. Nur wenn die Zuständigkeiten klar geregelt sind, ist eine geordnete Leistungserbringung überhaupt möglich. Die dazu notwendigen Festlegungen sind im Organigramm, in Stellenbeschreibungen und in Prozess- bzw. Verfahrensanweisungen sowie ggf. im QMH zu dokumentieren.

Die Verantwortlichkeiten und Befugnisse müssen in der Organisation kommuniziert und verstanden werden. Jeder Mitarbeiter muss seinen Verantwortungs- und Zuständigkeitsbereich kennen. Zum Nachweis sollte dazu in der Personalakte ein vom Mitarbeiter unterschriebenes Exemplar seiner aktuellen Stellenbeschreibung archiviert sein, so dass deutlich wird, dass dieser Kenntnis und ein Verständnis im Hinblick auf seine Verantwortung und Befugnisse hat („*Ich habe die in dieser Stellenbeschreibung festgelegten Verantwortlichkeiten und Berechtigungen gelesen und verstanden*"). Dies kann nicht nur für eine ISO-Zertifizierung von Bedeutung sein, sondern auch im Rahmen der Enthaftung bei Arbeitsunfällen sowie bei Verfehlungen bzw. deren arbeitsrechtlichen Konsequenzen.

Neben allgemeinen Vorgaben an die Zuweisung von Verantwortlichkeiten und Befugnissen stellt die Norm in der Aufzählung 5.3 a)–e) spezielle Anforderungen an die Zuständigkeit ausgewählter QM-Aufgaben. Vor der ISO 9001:2015 waren diese einem „Beauftragten der obersten Leitung" zugewiesen. Nun ist die QM-Verantwortung weiter gefasst, weil diese in der täglichen Praxis nicht allein beim QM-Beauftragten liegt. Schließlich trägt jeder Mitarbeiter, der eigenverantwortlich Arbeitsschritte durchführt bzw. abschließt, Qualitätsverantwortung.

Die Geschäftsleitung hat die Aufgabe, Verantwortlichkeiten und Befugnisse für wesentliche QM-Aktivitäten allgemein festzulegen. Die Pflicht, einen „Beauftragten der Leitung" (QM-Beauftragten) zu ernennen, besteht dabei, anders als früher, nicht mehr. Ein solche Position ist dennoch sinnvoll und sollte in jedem zertifizierten Unternehmen eingerichtet sein. Es sind schließlich zentral viele QM-spezifische Aufgaben wahrzunehmen und eine Bündelung dieser Tätigkeiten und zugehöriger Kompetenzen ist durchaus sinnvoll.

In der betrieblichen Praxis gilt übrigens der Richtwert, dass eine Organisation etwa eine Vollzeitstelle für das Qualitätsmanagementsystem pro 100 Mitarbeiter bereitstellen sollte.

6 Planung

6.1 Maßnahmen zum Umgang mit Risiken und Chancen

Jede Organisation ist verpflichtet, sich bewusst mit den eigenen betrieblichen Risiken und Chancen auseinander zu setzen. Organisation müssen ihre Risiken antizipieren, in ihrem Einfluss einschätzen und angemessen mit ihnen umgehen können. Die Norm legt dazu jedoch lediglich einen risikobasierten Ansatz zugrunde und verzichtet bewusst auf ein systematisches, allgemein anerkanntes Risikomanagement.[1] Da Risiken im Zuge einer solchen „Light"-Version trotzdem bewusst zu identifizieren, zu bewerten, zu minimieren und zu überwachen sind, wird jedoch auf die Grundzüge eines einfachen Risikomanagements nicht verzichtet werden können.

Der Blickwinkel richtet sich dabei auf Risiken im externen Kontext der Organisation (Marktentwicklung, Innovationen, interessierte Parteien, Lieferanten und Fremdfirmen) und auf solche Risiken, die die Organisation im Inneren beeinflussen (können). Letztere umfassen Risiken in Prozessen, Risiken in den Kunden- oder Lieferantenbeziehungen, Planungsrisiken sowie Risiken in, Produkten, Dienstleistungen und Ressourcen, die in allen Phasen der Leistungserbringung auftreten können.

Bei der Ausgestaltung des Risikomanagements spielen das Leistungsspektrum und die Organisationskultur eine wesentliche Rolle. So wird eine alteingesessene Wirtschaftsprüfungskanzlei eine andere Risiko-Herangehensweise wählen, als ein junges Dotcom-Unternehmen. In beiden Fällen müssen aber erkennbare Bestandteile einer Risikoorientierung in den betrieblichen Planungsprozessen verankert sein. Um dieser einen Rahmen zu geben, sind in einzelnen Prozessschritten ggf. Risikoaktivitäten zu berücksichtigen, z. B. mittels Integration neuer Tätigkeiten oder Aufgaben, durch Erweiterung existierender Formulare oder Checklisten sowie durch Festlegung von Bewertungskriterien und

---

[1] vgl. Entwurf zur ISO 9001:2015, Anhang A.4, S. 46.

M. Hinsch, *Die ISO 9001:2015 – Ein Ratgeber für die Einführung und tägliche Praxis*,
https://doi.org/10.1007/978-3-662-56247-5_6

Freigabe- bzw. Genehmigungsverfahren. Dies gilt für die Auftrags- bzw. Projektakquisition, die Leistungserfüllung, die Auswahl externer Anbieter wie auch für die betriebliche Planungsaktivitäten.

Wie bei allen QM-Maßnahmen, orientieren sich auch Art und Umfang der nachzuweisenden Risikoaktivitäten an der Größe der Organisation und dessen Leistungsportfolio. Während ein mittelständischer Reinigungsdienstleister den Blickwinkel vor allem auf Projekt- und Auftragsrisiken oder Risiken bei Subunternehmern und weniger auf solche im Produkt bzw. in der Dienstleistung richten muss, ist es bei einem medizinischen Labor ggf. umgekehrt. Im Hinblick auf die Organisationsgröße kann es z. B. bei einer kleinen Arztpraxis ausreichend sein, wenn einer der Ärzte im Zertifizierungsaudit die betrieblichen sowie die externen Umfeld-Risiken und zugehörige Gegenmaßnahmen mündlich schildert. Unter Umständen sind ergänzend Versicherungspolicen vorzuweisen und eine Risikomatrix aus dem Protokoll zur letzten Managementbewertung zu erklären. Demgegenüber müssen bei einem Unternehmen für Software-Entwicklung mit 200 Mitarbeitern Tools für eine strukturierte Risikosteuerung vorliegen. Diese sollten dann sowohl die Auftragsakquisition wie auch die Entwicklungseingaben und die Entwicklungssteuerung und Aufzeichnungen zur Managementbewertung umfassen.

Wenngleich ein dokumentierter Prozess nicht vorgeschrieben ist, kann ein solcher nicht nur in mittleren und großen Unternehmen, sondern auch in kleinen Organisationen helfen. Denn mit einer schriftlichen Anleitung wird es am ehesten gelingen, dem Gedanken einer strukturierten Risikohandhabung einen nachvollziehbaren Rahmen und den betroffenen Mitarbeitern eine Vorgehensweise an die Hand zu geben.

Neben den Risiken sind entsprechend der Normenanforderungen des Kap. 6.1 ebenfalls betriebliche Chancen zu bestimmen. Den Schwerpunkt sollte hier die strukturierte Identifizierung, Bewertung und das Ergreifens von Chancen entsprechend des PDCA Ansatzes bilden.

Die Steuerung einzelner Risiken ist übrigens am möglichen Schadens- bzw. Nutzenumfang und der Eintrittswahrscheinlichkeit auszurichten. Kurz: Je größer die Risiken, desto höher müssen die Aufwendungen zur Risikominimierung sein. Dies bedeutet beispielsweise, dass die operativen Planungsrisiken des betrieblichen Alltags (z. B. kurzer krankheitsbedingter Mitarbeiterausfall) aufgrund ihrer Schadenshöhe nicht systematisch verfolgt werden müssen, während aber beispielsweise die Gefährdung einer langjährigen Großkundenbeziehung deutliche Gegensteuerungsmaßnahmen erfordert. Umgekehrt ist es im Zuge des Chancenmanagements z. B. selten sinnvoll, umfangreiche Ressourcen in die Akquisition eines Großauftrags zu lenken, wenn die Wahrscheinlichkeit eines späteren Vertragsabschlusses gering ist.

Im Zertifizierungsaudit muss deutlich werden, dass die Risiken aktiv und angemessen angegangen werden. Für mittlere und große Organisationen sollten Aufzeichnungen vorgehalten werden aus denen Identifizierung, Bewertung, Ziele, Termine, Verantwortlichkeiten und bisherige Aktivitäten der Risikohandhabung hervorgehen. Kleine Organisationen werden üblicherweise in der Lage sein, ihre Risiko-Aktivitäten verbal darzulegen. Hier sollten als schriftliche Nachweise i. d. R. die Aufzeichnungen zu Aufträgen, Projekten oder zur Managementbewertung und Risikobewertungen ausreichen, so dass deutlich wird, dass die Risiken in diesem Rahmen thematisiert wurden. Hierfür eignet sich z. B. eine Risikomatrix entsprechend Abb. 2.2 inkl. Hinweise zur Risikosteuerung und -überwachung. Wird die betriebliche Risikoorientierung durch den Zertifizierungsauditor bei Neuzertifizierungen dennoch als nicht ausreichend bewertet, wird dieser im Normalfall mitteilen, welche Verbesserungen er zum Audit im Folgejahr erwartet.

Weitere Informationen zur Risikoorientierung finden sich unter Abschn. 2.2 dieses Buchs.

6.2 Qualitätsziele und Planung zu deren Erreichung

Die Qualitätsziele bilden das Bindeglied zwischen Politik und Strategie einerseits sowie der Leistungserbringung im betrieblichen Alltag andererseits. Qualitätsziele unterstützen also die Umsetzung der Qualitätspolitik auf operativer Ebene. Um diesem Anspruch gerecht zu werden, müssen die Ziele nicht nur eine Qualitätsorientierung aufweisen, sondern auch verständlich und akzeptiert sein sowie Hinweise auf die Mittel und Wege der Umsetzung geben. Die Ziele müssen dabei zumindest teilweise auch auf einzelne Organisationsbereiche und Prozesse abzielen.

Eine wesentliche Forderung der ISO 9001 ist es, dass die Ziele messbar sind, weil nur so eine jederzeitige Bestimmung der eigenen Quality-Position objektiv möglich ist und ein Fortschritt in der Produkt- und Prozessqualität über den Zeitablauf erkennbar werden kann. Neben der Messbarkeit ist es wichtig, dass sich mit den Zielen objektive Aussagen zur Produkt- bzw. Dienstleistungskonformität und Kundenzufriedenheit treffen lassen. Dies ist auch mittelbar über die Messung der Leistungsfähigkeit von Kernprozessen möglich.

In der betrieblichen Praxis fällt es dem operativ Zuständigen (i. d. R. der QMB) gerade in kleinen und mittleren Unternehmen oftmals schwer, erstmalig geeignete Qualitätsziele zu definieren. Es besteht vor allem Unsicherheit hinsichtlich deren ISO-Tauglichkeit. Zur Bestimmung von Zielen sollte der Blick daher auf die Qualitätspolitik gerichtet werden. Die Ziele sind nämlich grundsätzlich aus dieser abzuleiten. Die Praxis sieht jedoch nicht selten anders aus, denn gerade in KMU wird vielfach erst ein Blick auf die vorhandenen Kennzahlen (Kap. 9.1) geworfen. Die Qualitätsziele ergeben sich dann eher aus diesem Fundus als aus der Qualitätspolitik. So wird in der Praxis also oftmals eine Mischung aus Top-down und Bottom-Up-Ansatz für die Zielfindung praktiziert. Auch dies wird aber in Zertifizierungsaudits im Normalfall akzeptiert.

Das folgende Beispiel zeigt Kennzahlen, die der Qualitätspolitik im Beispiel *Qualitätspolitik und Verpflichtungserklärung* aus Kap. 5 und somit der Normenanforderung gerecht werden:

1. Vertriebliche Hit-Rate außerhalb Europas (Verhältnis Angebote zu Auftragseingängen)
2. Zuverlässigkeit der Entwicklungsplanung (auf Basis geplanter zu tatsächlich in Anspruch genommener Ressourcen hinsichtlich Termineinhaltung, Budget, Mannstunden)
3. Final-Acceptance-Rate in der Herstellung und On-Time-Delivery (OTD)
4. Lieferantenperformance (Wareneingangsbefunde, OTD)

So lassen sich hieraus z. B. die folgenden messbaren Ziele ableiten:

1. Hit-Rate, also das Verhältnis abgegebener Angebote zu abgeschlossenen Geschäften soll im folgenden Geschäftsjahr von 35 auf 38 % steigen.
2. Die Ist-Zahlen im Hinblick auf Mannstunden, Fertigstellungstermin und Budget sollen sich bei den größten drei Entwicklungsprojekten in einem Korridor von max. 95–105 % zu den Plandaten bewegen.
3. Die Fehlerquote bei den finalen Produktkontrollen soll von 1,8 auf 1,6 % sinken, die OTD soll von 97,5 auf 98 % zunehmen.
4. Die Quote der Wareneingangsbefunde soll von jetzt 3,2 % auf unter 2,5 % gesenkt werden. Die OTD-Rate der Lieferanten soll von 96 auf 97,5 % steigen.

Art und Umfang der Ziele hängen dabei, neben dem Produkt-/Leistungsportfolio, vor allem von der Größe der Organisation ab. So können für einen Produktionsbetrieb mit 50–70 Mitarbeitern bereits 7–10 Ziele ausreichend sein, während für einen Konzern mit über 2000 Mitarbeitern ein Zielsystem über mehrere Ebenen notwendig ist.

Qualitätsziele sind dabei nicht nur für die Kernprozesse festzulegen, sondern auch für wichtige Begleitprozesse, Abteilungen oder Funktionen. Sie müssen danach nicht nur einmal halbherzig festgelegt werden und jährlich eines Blickes Wert sein. Qualitätsziele müssen zu einem Steuerungstool werden. Dazu sind die Ziele aktiv zu managen. Die notwendigen Aktivitäten sind in der Aufzählung 6.2.2 a)–e) aufgeführt.

Dabei ist eine jährliche Überwachung der Ziele im Zuge des Managementreviews nicht ausreichend. Soll die Zielerreichung nachhaltig und wirksam verfolgt werden, so ist eine deutlich häufigere Zielprüfung notwendig. Betriebe mit leistungsfähigen QM-Systemen überwachen ihre Ziele monatlich, max. vierteljährlich. Bei der jährlichen Verfolgung von Qualitätszielen geht deren gewünschter Steuerungscharakter entsprechend des PDCA-Zyklus weitestgehend verloren.

Grundsätzlich umfasst die Zielbewertung einen Soll-Ist-Abgleich, die Bestimmung von Maßnahmen und, die Festlegung der für die Zielerreichung notwendigen Ressourcen.

Bei einer erstmaligen Zieldefinition kann gerade in der Anfangszeit bisweilen eine gänzliche Neudefinition einzelner Ziele notwendig werden, weil sich diese als wenig akzeptiert oder nur schwer mess- oder erhebbar erweisen. Insgesamt sollten die einmal definierten Ziele im Zeitablauf jedoch soweit wie möglich beibehalten werden. Lediglich der jeweilige Zielwert, also die Messlatte, ist kontinuierlich zu erhöhen. Der Grund liegt darin, dass ein vollständiger Zielwechsel die Vergleichbarkeit des Qualitätsfortschritts über einen längeren Zeitraum erschwert.

Sind die Qualitätsziele von der Organisationsleitung definiert bzw. aktualisiert, müssen diese innerbetrieblich kommuniziert und von der Belegschaft verstanden werden. Es ist also bei den Mitarbeitern ein Bewusstsein für die Ziele zu schaffen (vgl. Kap. 6.2.1 f. sowie 7.3 b). Eine Bekanntmachung z. B. per Mail, am Schwarzen Brett oder durch Aushänge reicht daher meist nicht aus. Ein Bewusstsein zu schaffen, macht es i. d. R. zusätzlich auch notwendig, die Qualitätsziele inkl. deren Bedeutung für die Organisation verbal, d. h. „face-to-face" und idealerweise durch die Geschäftsleitung, z. B. bei einer Betriebsversammlung mitzuteilen.

Im Zertifizierungsaudit wird der Auditor nach den Maßnahmen und Wegen der Zielerreichung fragen. Eine Bestimmung von Zielen für sich genommen, lässt schließlich noch nicht erwarten, dass es die betroffene Organisation mit der nachhaltigen Zielverfolgung allzu ernst meint. Es müssen mithin Maßnahmen zur Zielerreichung und die dafür eingeplanten Ressourcen festgelegt sein. Überdies kann davon ausgegangen werden, dass der Zertifizierungsauditor wissen möchte, wie in der Organisation sichergestellt wird, dass sich die Mitarbeiter der Ziele bewusst sind.

Weitere Hinweise zur Zielbestimmung und -messung werden in Abschn. 9.1 dieses Buchs gegeben.

6.3 Planung von Änderungen

Ein QM-System ist kein statisches Gebilde, welches einmal eingerichtet und danach nicht mehr verändert wird. Dies gilt umso mehr, da nicht nur jene Änderungen zu berücksichtigen sind, die üblicherweise in den Aufgabenbereich des QM-Beauftragten fallen. Die Bestandteile des QM-Systems finden sich in der gesamten Organisation, also auch in wertschöpfenden Prozessen. So werden auch Änderungen an einem Softwaretool zur Arbeitsplanung oder Änderungen in Verfahren zur Abnahme eigener oder zugekaufter Produkte und Dienstleistungen das QM-System tangieren. Dieses wird schließlich immer dann berührt, wenn Änderungen vorgenommen werden, die Einfluss auf die Konformität der Produkte und Dienstleistungen haben.

Bei solchen Änderungen ist gem. Kap. 6.3 sicherzustellen, dass diese vor ihrer Realisierung unter Berücksichtigung der vorhandenen Ressourcen strukturiert geplant und umgesetzt werden. Dazu muss vor allem auch

- die Änderung am QM-System in Art und Umfang bewertet,
- deren Einfluss auf die Organisation sowie deren Auswirkung auf die Konformität der Produkte und Dienstleistungen ermittelt,
- Maßnahmen/Aktivitäten abgeleitet (einschließlich Prüfung und ggf. Neuordnung der Zuständigkeiten),
- die Verantwortlichkeit und Befugnis definiert sowie
- das Vorgehen zwecks Nachweisführung angemessen dokumentiert werden.

Im Ergebnis darf die Leistungsfähigkeit des QM-Systems nicht an Wirksamkeit einbüßen.

7 Unterstützung

Kap. 7 setzt sich mit unterstützenden Inputfaktoren der Leistungserbringung auseinander: Hierzu zählen die personellen Ressourcen in Hinblick auf Menge und Qualifikation (Kap. 7.2), die Infrastruktur und die Arbeitsumgebung. Auch das Bewusstsein der Mitarbeiter (Kap. 7.3) und das betriebliche Wissen (Kap. 7.1.6) sind der Unterstützung zugeordnet. Nicht zuletzt sind in Kap. 7 Dokumentationsanforderungen (Kap. 7.5) definiert.

7.1 Ressourcen

7.1.1 Allgemeines

Die Geschäftsführung muss sicherstellen, dass die zur Einführung und Aufrechterhaltung eines QM-Systems nach ISO 9001 erforderlichen personellen, infrastrukturellen und finanziellen Ressourcen termingerecht zur Verfügung gestellt werden.

Die langfristige Bestimmung und Beschaffung von Ressourcen obliegt der Geschäftsleitung im Rahmen der meist mehrjährigen Organisationsplanung.[1] Die kurzfristige Ermittlung und Bereitstellung von Ressourcen erfolgt über die operative Planung. So organisieren die zuständigen Abteilungen auf Basis der aktuellen Auftragslage die Verfügbarkeit von qualifiziertem Personal, Geräten, Maschinen, Ausrüstung und Betriebsmitteln, Lagerflächen sowie Zulieferern. Nur durch kurz- *und* langfristige Planungs- und Bereitstellungsaktivitäten kann die Organisation ein dauerhaft leistungsfähiges QM-System nachweisen. Diese Planungsaufwendungen dienen keinem Selbstzweck, sondern haben

[1] Auch wenn über diese Langfristplanung die kontinuierliche Bedarfsermittlung sichergestellt ist, muss die Bereitstellung von Ressourcen zusätzlich im Rahmen des Management-Reviews thematisiert und dokumentiert werden (z. B. Kapazitätsanpassungen oder wichtige Neuanschaffungen).

M. Hinsch, *Die ISO 9001:2015 – Ein Ratgeber für die Einführung und tägliche Praxis*,
https://doi.org/10.1007/978-3-662-56247-5_7

zum Ziel, die Organisationsziele zu erreichen und die Kundenerwartungen zu erfüllen. Der Fokus des Kap. 7 liegt auf der grundsätzlichen bzw. langfristigen Ressourcenbereitstellung. Anforderungen an die kurzfristige, auftragsbezogene Ressourcenverfügbarkeit werden vor allem im Kap. 8 formuliert.

In Zertifizierungsaudits zeigt sich gelegentlich, dass unterjährig nur unzureichende Ressourcen für die Aufrechterhaltung des QM-Systems nach ISO 9001 zur Verfügung stehen. Gerade im Hinblick auf die realistische Einschätzung der notwendigen Ressourcen zur unterjährigen Betreuung des QM-Systems gehen Geschäftsleitungen bisweilen davon aus, dass die Kosten für den Auditor bzw. die Zertifizierungsgesellschaft hoch genug seien und weitere Aufwendungen nicht zumutbar wären. Jedoch binden die Normenanforderungen auch zwischen den Zertifizierungsaudits Personalkapazität, insbesondere für die Zielverfolgung und Prozesssteuerung sowie für die Erfüllung der umfassenden Dokumentationsanforderungen, z. B. im Rahmen von Korrekturmaßnahmen, für die Behandlung fehlerhafter Leistungen, der Bewertung und -überwachung von Zulieferern, des Managementreviews, der Risikosteuerung oder der Entwicklung und Überwachung der Personalqualifikation. Auch tiefere Ursachenanalysen sind Bestandteil eines leistungsfähigen QM-Systems und werden in der betrieblichen Praxis aufgrund unzureichender Ressourcen oder fehlendem Verständnis oft vernachlässigt.

Normenkapitel 7.1.1 ist sehr allgemein formuliert und enthält keine konkreten Handlungsanweisungen. Für jene Organisationen, die ihre Ressourcen auch ohne Normenvorgabe aus Eigeninteresse angemessen und realistisch, d. h. bedarfsgerecht, unter Einbeziehung aller internen und externen Informationen managen, können die sehr allgemein formulierten Normanforderungen des Kap. 7.1.1 ohne weitere Handlungsbedarfe als erfüllt abgehakt werden.

Beispiele für eine unzureichende Bereitstellung von Ressourcen

Ob die Anforderungen des Kap. 7.1.1 erfüllt sind, lässt sich nicht immer aus einer einzelnen Beobachtung ableiten, sondern ergibt sich oft als ein betriebliches Gesamtbild.

Beispiel 1: Der QMB äußert sich während des Audits dahingehend, dass er neben seinen operativen Aufgaben als Materialplaner zu wenig Zeit für die Belange des Qualitätsmanagements hat. Zugleich befindet sich das QM-System in einem mangelhaften Zustand, weil seit dem letzten Zertifizierungsaudit keine internen Audits stattgefunden haben oder eine Prozessmessung quasi nicht vorhanden ist.

Beispiel 2: Ein Betrieb scheut die Anschaffung eines Warenwirtschaftssystems, arbeitet statt dessen mit Handzetteln und komplexen Excel-Tabellen. Hierdurch kommt es immer wieder zu falschen oder unpünktlichen Bestellungen und Auslieferungen. Die Infrastruktur befindet sich somit nicht in einem angemessenen Zustand. Der Geschäftsführer ist der Meinung, dass moderne IT nur Geld kostet und der Status quo schon seit jeher prima funktioniert.

7.1.2 Personen

Eine wichtige Voraussetzung für die Gewährleistung hoher Produkt- und Dienstleistungsqualität ist die ausreichende Personalverfügbarkeit (Quantität) einerseits sowie eine angemessene Personalkompetenz bzw. -qualifikation (Qualität) andererseits.

Eine richtige quantitative Personalkapazität ergibt sich aus der betrieblichen Planung einerseits und dem tatsächlichem Arbeitsaufkommen andererseits. Die notwendige Personalqualität leitet sich indes aus der Art der durchzuführenden Tätigkeiten ab. Gut ausgebildete Mitarbeiter sind dabei nicht nur aus Perspektive der Norm notwendig, sondern auch aus ökonomischer Perspektive sinnvoll. Sie tragen nämlich zu einer Minimierung der Arbeitsfehler bei und reduzieren so die Cost-of-Non-Quality aufgrund unsachgemäßer Arbeitsdurchführung. Des weiteren dient die Qualifizierung des Personals dessen eigenem Schutz auf Unversehrtheit durch korrekte und sichere Arbeitsausführung. Dabei kann angemessene Personalqualifikation bei Vorkommnissen und Unfällen zugleich die arbeits- und zivilrechtliche Enthaftung der Führungskräfte erleichtern, weil die Erfüllung der Organisations- und Aufsichtspflicht sichergestellt wurde.

Normenkapitel 7.1.2 ist sehr allgemein formuliert und enthält keine konkreten Handlungsanweisungen. So bleibt die Norm auch bei der Personalkapazität unspezifisch. Zur Kompetenz und zum Bewusstsein enthalten die Normenkapitel 7.2 und 7.3 weiterführende Vorgaben.

7.1.3 Infrastruktur

Organisationen mit einer ISO 9001er Zertifizierung müssen Betriebsstätten vorweisen, deren Ausstattung auf Art und Umfang der Leistungserbringung ausgerichtet sind. Zur Infrastruktur gehören:

a. Büros, Werkstätten, Teststände und Hallen sowie Arbeitsplätze und Abstellflächen, Lager als auch Sanitär-, Küchen- und Ruhebereiche, Heizungs- und Lüftungsanlagen sowie Energie- und Wasserversorgung,
b. Betriebsmittel wie Maschinen, Geräte, Instrumente, Werkzeuge und Arbeitsmittel, Lagersysteme, Büroausstattung, Sicherheits- und Rettungsausrüstung,[2]
c. Transportmittel, Materialtransportsysteme sowie Transportstrukturen für die An- und Auslieferung,
d. Kommunikationsmittel wie Telefone, Email und Fax sowie
e. IT-Strukturen (Hardware und Software) einschließlich Datensicherungssysteme und Datenanbindung.

[2] z. B. Feuerlöscheinrichtungen, Erste Hilfe Koffer, Augenspülflaschen.

Die Infrastruktur ist regelmäßig auf Angemessenheit und Zustand sowie auf Vorhandensein bzw. Vollständigkeit zu prüfen. Dabei obliegt die Verantwortung für die Überwachung und Bewertung der Infrastruktur der Geschäftsleitung und ist daher Bestandteil des Management-Reviews.

Es ist nicht notwendig, dass sich die Infrastruktur im Eigentum der Organisation befindet. Wichtig ist eine bedarfsorientierte Verfügbarkeit der erforderlichen Ressourcen, die auch mittels Leasing oder Kurzzeit-Anmietung sichergestellt werden kann.

Die Infrastruktur ist nicht nur im Hinblick auf die Produkt- bzw. Dienstleistungs- und Prozessanforderungen auszuwählen und einzusetzen, sondern auch unter Berücksichtigung von Sicherheit, Wirtschaftlichkeit, Zuverlässigkeit und Wartung.[3] Für Betriebsmittel, die einer regelmäßigen Wartung bedürfen, müssen Wartungspläne und Wartungsvorgaben vorliegen sowie Aufzeichnungen zu den durchgeführten Maßnahmen geführt werden.[4]

Im Hinblick auf IT-Infrastruktur gelten besondere Anforderungen, weil hier die Funktionsstabilität und Datensicherheit zu berücksichtigen sind. Für den Fall des Datenverlusts oder der Nichtverfügbarkeit (Absturz) von IT-Systemen kommen mittlere und große Unternehmen in aller Regel nicht umhin, ein/e Notfallkonzept/-planung vorzuhalten.

Die Angemessenheit der Infrastruktur wird während des gesamten Zertifizierungsaudits im Rahmen der betrieblichen Begehungen und der Interviews oft nebenbei und eher oberflächlich geprüft, sofern keine augenscheinlichen Auffälligkeiten identifiziert werden.

7.1.4 Umgebung zur Durchführung von Prozessen

Die Leistungserbringung muss unter „beherrschten" Bedingungen stattfinden, damit eine angemessene Produkt- bzw. Dienstleistungsqualität gewährleistet werden kann. Dies bedeutet zunächst, dass die Arbeitsumgebung keine Einschränkungen der Prozessleistung, keine übermäßige Ablenkung des Personals oder Beeinträchtigungen beim Ressourceneinsatz auslöst. Insofern ist Folgendes sicherzustellen:

- Ordnung und Sauberkeit,
- angemessene Temperaturen, Luftfeuchtigkeit, Ventilation,
- ganzjähriger Schutz vor Witterungseinflüssen (Wind, Regen, Schnee, Eis, Sand),
- möglichst geringe Staubanteile und andere Luftverschmutzungen,
- ausreichende Beleuchtung,

[3] vgl. ISO 9004 Kap. 6.5.

[4] Viele moderne Maschinen sind selbstwartend. Hier ist es ausreichend, nur jene Instandhaltungs- und Reparaturmaßnahmen zu dokumentieren, die jenseits der maschinellen Selbstwartung durchgeführt werden.

- minimale, zumindest aber vertretbare Lärmkulisse,
- arbeitsplatzspezifische Vorkehrungen im Hinblick auf den Produkterhalt (z. B. ESD-Vorkehrungen),
- Einhaltung von Arbeitssicherheitsstandards und Vorgaben zum Gesundheitsschutz,
- arbeitsplatzspezifische Vorkehrungen im Hinblick auf den Umweltschutz und die Arbeitssicherheit (z. B. in Werkstätten des Non-Destructive Testings, Absaugvorrichtungen beim Arbeiten mit gefährlichen Stoffen, Schutzbrille am Schleifautomaten).

Unter der Arbeitsumgebung wird jedoch nicht nur das physische Umfeld subsumiert, sondern – zumindest theoretisch – auch die Human-Factors-Bedingungen. Ziel ist es, auch unter soziologischen Bedingungen einen optimalen Rahmen für die Leistungserbringung zu schaffen. Die Mitarbeiter sollen durch ein für sie angemessenes und motivierendes Arbeitsumfeld zu optimaler Arbeitsleistung gebracht werden. Die Norm nennt hierzu folgende Bedingungen:

- Förderung eines kreativen Arbeitsumfelds,
- Sicherstellung motivationsfördernder Arbeitsbedingungen,
- Schaffung von Strukturen, die Kommunikation und Teamwork begünstigen,
- Vermeidung eines Mangels an Aufmerksamkeit durch Ermüdung & Erschöpfung,
- betriebsverträglicher Umgang mit sozialen Normen,
- Minimierung von Druck und Stress.

In der ANMERKUNG wird darauf hingewiesen, dass zu einer angemessenen Arbeitsumgebung auch soziale Aspekte zählen, wie etwa Gleichbehandlung bzw. Verzicht auf Diskriminierung, Burn-Out Vorbeugung oder Maßnahmen zur Stressminimierung.

Gerade die Einhaltung der psycho-sozialen Umfeldfaktoren lässt sich im Rahmen eines Zertifizierungsaudits jedoch nur in Ausnahmefällen so weit prüfen, um daraus eine Auditbeanstandung abzuleiten.

7.1.5 Ressourcen zur Überwachung und Messung

Um sicher zu gehen, dass Produkte und Dienstleistungen die definierten Anforderungen erfüllen, sind Überwachungen und Messungen notwendig. Für diese Tätigkeiten müssen Organisationen die dazu erforderlichen Ressourcen bestimmen. Dabei kann es sich neben Überwachungs- und Messmitteln (auch: Prüfmittel) ebenso um Dokumente (z. B. Checklisten, Fotos) sowie um qualifiziertes Personal handeln.

Im Fokus dieses Kapitels stehen jedoch die „klassischen" Überwachungs- und Messmittel, denn für die Prüfung der fortwährenden Angemessenheit von Dokumenten gibt Kap. 7.5 weitere Hinweise. Für die Aufrechterhaltung der Qualifikation von Prüfpersonal gelten die Vorgaben in Kap. 7.2 zur Personalkompetenz.

Einführung von Prüfmitteln

Die korrekte Lenkung von Überwachungs- und Messmitteln beginnt bereits beim Wareneingang. So ist das Prüfmittel nach der Wareneingangsprüfung korrekt zu vereinnahmen. Dazu ist das Prüfmittel angemessen (Prüfmittelnummer) zu kennzeichnen und in ein Messmittelverzeichnis aufzunehmen. Kalibrierungspflichtige Prüfmittel sollten mit einem Aufkleber versehen werden, auf dem das Ablaufdatum der Kalibrierung ersichtlich ist.[5] Sofern möglich, sind Überwachungs- und Messmittel gegen Verstellungen zu sichern.

Die Mitarbeiter müssen im betrieblichen Alltag jederzeit Zugang zu den entsprechenden Bedienungsanweisungen bzw. Prüfmittelhandbüchern haben. Vor erstmaliger Nutzung sollte gerade bei komplexen Überwachungs- und Messmitteln (z. B. Oszilloskop) eine Einweisung für die betroffenen Mitarbeiter vorgenommen werden. Durch eine solche (Kurz-) Schulung kann am ehesten sichergestellt werden, dass das Prüfgerät sorgfältig und entsprechend den Bestimmungen eingesetzt und in Zeiten des Nichtgebrauchs angemessen geschützt wird.

Prüfmittel überwachen und prüfen

Spätestens mit Ablauf eines definierten Prüf- bzw. Kalibrierungsintervalls muss ein Gerät eingezogen werden, um festzustellen, ob dessen Funktionsfähigkeit und Genauigkeit noch den Anforderungen entspricht. Abgelaufene Prüfmittel dürfen nicht mehr für ihre Zwecke verwendet werden. Für Prüfungen und Kalibrierungen, die die Organisation in Eigenregie durchführt, sind entsprechende (technische) Prüfanweisungen vorzuhalten. Hierzu kann auf die Vorgaben des Prüfmittelherstellers zurückgegriffen werden. Meist sind in dessen Prüfmittelhandbuch Prüf- und Umgebungsbedingungen, Prüfintervall, Prüfverfahren und zulässige Toleranzen bzw. Annahmekriterien beschrieben. Bei der Durchführung der Geräteverifizierung oder -kalibrierung ist zu beachten, dass diese Tätigkeiten nach einem offiziell anerkannten Standard/Messnormal durchgeführt werden. Liegen letztere nicht vor, so ist die Grundlage der Prüfung bzw. Kalibrierung zu dokumentieren („Wogegen wurde geprüft?“). Diese ist mit den weiteren Prüfaufzeichnungen zu archivieren, um die Bewertung nachvollziehbar zu machen. Nach der Prüfung oder Kalibrierung sollte der Prüfmittelstatus am Gerät aktualisiert werden, auch wenn formal eine Verfolgung über die die Messmittelliste ausreichend ist. Hierzu wird dann üblicherweise ein runder Aufkleber, ähnlich einer Kfz-TÜV-Plakette, mit Monats- und Jahresangabe der nächsten Prüfung verwendet.

[5] Nicht alle kalibrierungsfähigen Prüfmittel werden für Qualitätsprüfungen am Kundenprodukt genutzt, so z. B. solche nicht, die in der Vor-Entwicklung oder in der Ausbildung eingesetzt werden. Bei diesen Prüfmitteln reicht dann ggf. eine geringere Genauigkeit, so dass Kalibrierungen nicht erforderlich sind. Um eine Verwechselungsgefahr mit Messmitteln für Qualitätsprüfungen zu vermeiden, sind diese Prüfmittel mit einem deutlich sichtbaren Aufkleber zu versehen, durch den erkennbar ist, dass die Messmittel nicht für Qualitätsprüfungen eingesetzt werden dürfen.

Vielfach werden Prüfungen bzw. Kalibrierungen und Instandhaltungsmaßnahmen von Prüfmitteln auch durch den Hersteller oder externe Fachbetriebe vorgenommen.[6] In diesem Fall muss die Organisation lediglich sicherstellen, dass die Prüfmittel rechtzeitig eingezogen und an den externen Fachbetrieb gesendet werden.

Über die durchgeführten Verifizierungen und Kalibrierungen sind zum Zweck der Rückverfolgbarkeit Aufzeichnungen (mind. Prüfprotokoll oder Kalibrierungsbestätigung) zu führen. Der Archivierungszeitraum muss länger als das Prüfintervall sein und sollte mindestens zwei bis drei Jahre umfassen.

Das Führen eines Prüfmittelverzeichnisses wird durch die Norm nicht vorgeschrieben, ist aber ab einer bestimmten Anzahl betrieblicher Überwachungs- und Messmittel sehr hilfreich.

Mangelhafte Prüfmittel

Erfüllt ein Überwachungs- oder Messmittel nicht mehr die Anforderungen, so ist dieses instand zu setzen oder notfalls dauerhaft aus dem Verkehr zu ziehen.

Bei mangelhaften Prüfmitteln ist zu prüfen, ob die Einschränkungen in der Funktionstüchtigkeit Einfluss auf die Prüfqualität zuvor geprüfter Produkte und Dienstleistungen hatte. Hierzu ist der Blickwinkel zunächst auf die Aufzeichnungen früherer Prüfungen zu richten, um den zeitlichen Umfang des Mangels einzugrenzen. Dabei wird die Rückverfolgbarkeit erleichtert, wenn die Prüfmittelnummer des verwendeten Prüfgeräts auf der Arbeitskarte oder dem Auftrag dokumentiert wird. Die Organisation muss dann ein Vorgehen definieren, das den Umgang mit dem fehlerhaften Prüfmittel und vor allem mit den betroffenen Produkten und Dienstleistungen aufzeigt. So ist beispielsweise zu bestimmen, in welchem Umfang Prüfungen zu wiederholen sind oder ein Rückruf bereits ausgelieferter Produkte und Dienstleistungen erforderlich ist.

Ein analoges Vorgehen ist notwendig, sofern systematische Prüffehler aufgrund fehlerhafter Vorgabedokumente (z. B. falsche Toleranzangaben) oder unzureichend qualifizierten Personals identifiziert wurden. Auch hier müssen also zunächst die Fehlerauswirkungen in Art und Umfang ermittelt werden, um auf dieser Basis über mögliche Korrekturmaßnahmen zu entscheiden.

Beispiel: Defekter Drehmomentschlüssel

Im Zuge der Kalibrierung eines Drehmomentschlüssels für ein Motorbauteil in einer großen Lkw-Vertragswerkstatt wurde festgestellt, dass ein Drehmomentschlüssel nicht mehr korrekt kalibriert war. Dadurch waren alle Muttern mit einem deutlich überhöh Es wurde ein Krisenteam einberufen und sämtliche betroffene Motoren ermittelt (die

[6] Diese Betriebe müssen für die entsprechende Kalibrierung zugelassen sein. Im Rahmen der Lieferantenauswahl sollte dabei auf eine angemessene Qualifikation des Subcontractors geachtet werden, i. d. R durch dessen Zertifizierung nach ISO/IEC 17025. Explizit vorgeschrieben ist die Nutzung eines akkreditierten Prüflabors jedoch nicht.

Werkzeugnummer war in den Arbeitskarten eingetragen). Während der Risikobetrachtung stellte sich heraus, dass das Risiko nur mit Hilfe des Motorenherstellers in vollem Umfang bewertet werden konnte. Dieser stellte fest, dass es im schlimmsten Fall zum Bruch der Muttern und zu einem katastrophalen Motorversagen hätte kommen können. Die betroffenen Kunden wurden daraufhin informiert und innerhalb kurzer Zeit wurden alle kritischen Muttern überprüft.

7.1.6 Wissen der Organisation

Wissen ist in Organisationen mindestens ebenso wichtig wie das Vorhandensein von Maschinen, Anlagen und Geräten. Dies gilt umso mehr in Dienstleistungsbranchen. Insoweit bildet die Kenntnis um das *vorhandene* Know-how der Organisation (*Ist*) einerseits und das *erforderliche* Wissen (*Soll*) andererseits einen unverzichtbaren Faktor für langfristigen geschäftlichen Erfolg. Dennoch wird Wissen in vielen Organisationen ohne besondere Aufmerksamkeit als etwas Selbstverständliches betrachtet und daher stiefmütterlich behandelt.

In Kap. 7.1.6 wird das Bewusstsein auf die Bedeutung des Organisationswissens gelenkt. Danach ist das notwendige Know-how zu identifizieren, zu vermitteln, zu bewahren, zu erweitern und aktualisieren sowie zu schützen. Hierzu bedarf es einer systematischen Überwachung und Steuerung des Wissens. Dazu sollte sich jede Organisation folgende Fragenstellungen vergegenwärtigen:

- Welches Wissen wird für die Leistungserbringung bzw. in den Prozessen benötigt?
- Woher kommt das Wissen und wie lässt es sich aneignen?
- Welches sind die Quellen für die Wissensaktualisierung und wie wird neues Wissen in die Organisation gesteuert und schließlich in die Produkte bzw. Dienstleistungen integriert?
- Wie geht Wissen verloren und wie kann es geschützt werden?
- Welchen Vorsprung hat die eigene Organisation gegenüber Kunden und Wettbewerbern; wo haben Lieferanten welche Wissensvorteile?

Mit diesen Fragen sieht sich jede Organisation unabhängig von Tätigkeitsspektrum und Größe konfrontiert. Um Wissen systematisch zu behandeln, kann z. B. mit Hilfe von Stellenbeschreibungen und Schulungsplänen dargelegt werden, dass das notwendige Wissen systematisch überwacht und vermittelt wird. Ein Vertriebs- oder Messeberichtswesen, Projekte mit Hochschulen oder Joint-Ventures, Unternehmens- oder Patentzukäufe zeigen auf, wie das Wissen in die Organisation kommt. Technisches bzw. produktbezogenes Wissen kann in Entwicklungsdokumenten, Spezifikationen oder Prozess- und Verfahrensvorgaben gesichert werden. Der Schutz vor dem Verlust von Wissen kann z. B. mittels eines Intellectual Property (IP) Managements erfolgen. Eine weitere Möglichkeit ist das Vorhalten einer strategischen Personalplanung über 10–20 Jahre, um Wissensverluste durch Renteneintritt oder Fluktuation der Mitarbeiter rechtzeitig zu antizipieren und so unter Kontrolle zu halten. Die Notwendigkeit einer solchen Planung zeigt sich in der betrieblichen Praxis des Öfteren, wenn Unternehmen ehemalige Mitarbeiter aus der Rente zurückholen, weil das Wissen nicht rechtzeitig an die jüngere Generation übergeben wurde. Eine solche Entwicklung widerspricht zwar nicht den Vorgaben dieses Normenkapitels, könnte aber auf Risiken und eine unzureichende Planung hinweisen.

7.2 Kompetenz

Die systematische Personalkompetenz ist eines der wesentlichen Elemente für die Gewährleistung hoher Produktqualität und -sicherheit. Nur gut ausgebildete Mitarbeiter können sicherstellen, dass die betrieblichen Prozesse über einen langen Zeitraum stabil ablaufen und sich zugleich kontinuierlich verbessern.

Insoweit muss jede Organisation eine Vorstellung davon haben, wie eine angemessene Personalqualifikation langfristig sichergestellt werden kann. Hierfür muss eine Struktur oder ein Gerüst vorliegen. Mit Ausnahme von kleinen Organisationen geht dies nur über eine durchdachte, ggf. dokumentierte Vorgaben zur Personalqualifikation enthält (Qualifikationsprofile, Maßnahmen- oder Einarbeitungspläne). In diesen sind neben den Zielen und Qualifikationsmaßnahmen festzuhalten. Die Beschreibungen können z. B. im QMH erfolgen und müssen erkennen lassen, wie die langfristigen Ziele im Bereich Aus- und Weiterbildung erreicht werden. In der Regel sollten Organisation zur Umsetzung ihrer Qualifikationsziele einen Qualifizierungsprozess vorhalten (vgl. Abb. 7.1).

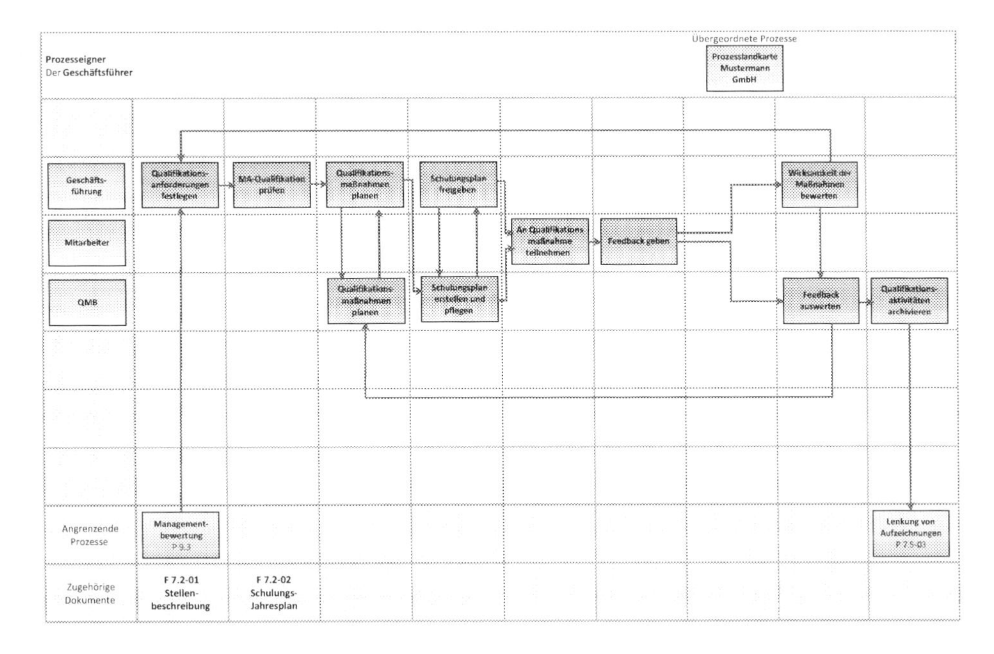

Abb. 7.1 Beispielhafter Qualifizierungsprozess. (In Anlehnung an Hinsch 2018, S. 52)

Strategie bzw. Konzept sollten dabei der Organisationsgröße angemessen sein. In der betrieblichen Praxis bedeutet dies, dass oft nur mittelgroße und größere Betriebe über ein Qualifikationssystem mit strukturiertem Konzept vorzuhalten brauchen (vgl. Abb. 7.2).

Im Zertifizierungsaudit kommt es letztlich darauf an, dass die befragten Führungskräfte überzeugend darstellen können, dass sie eine gleichbleibende Personalqualität sicherstellen können. Entscheidend ist dabei, die Mitarbeiter für das zu qualifizieren, was sie tatsächlich tun und nicht für das, was sie tun sollten.

a. Ermittlung der Personalkompetenz

Die Ermittlung der Personalkompetenz gleicht einer Medaille mit zwei Seiten. Einerseits müssen die Qualifikationsbedarfe als Soll-Anforderung einer Stelle definiert werden. Andererseits sind das Wissen und die Fähigkeiten der betroffenen Mitarbeiter zu ermitteln, um einen Überblick über die Ist-Kompetenz zu erhalten. Dazu muss festgelegt sein, was auf der betroffenen Stelle zu leisten ist und über welches Können ein Mitarbeiter verfügt, um für den betroffenen Job oder die Tätigkeit ausreichend kompetent zu sein. Beide Aufgaben obliegen im Normalfall dem Vorgesetzen, ggf. in Zusammenarbeit mit der Personalabteilung.

Den aufwendigeren Teil der Kompetenzermittlung bildet dabei die Bestimmung der Soll-Anforderungen. Hierzu sollte eine Arbeitsplatzbeschreibung erstellt und Qualifikationsanforderungen definiert und zu einer Stellenbeschreibung zusammengefasst werden. Diese ist die Basis für die Festlegung von Kompetenzen und Verantwortlichkeiten. Zugleich trägt eine Stellenbeschreibung dazu bei, die Stellenanforderungen hinsichtlich

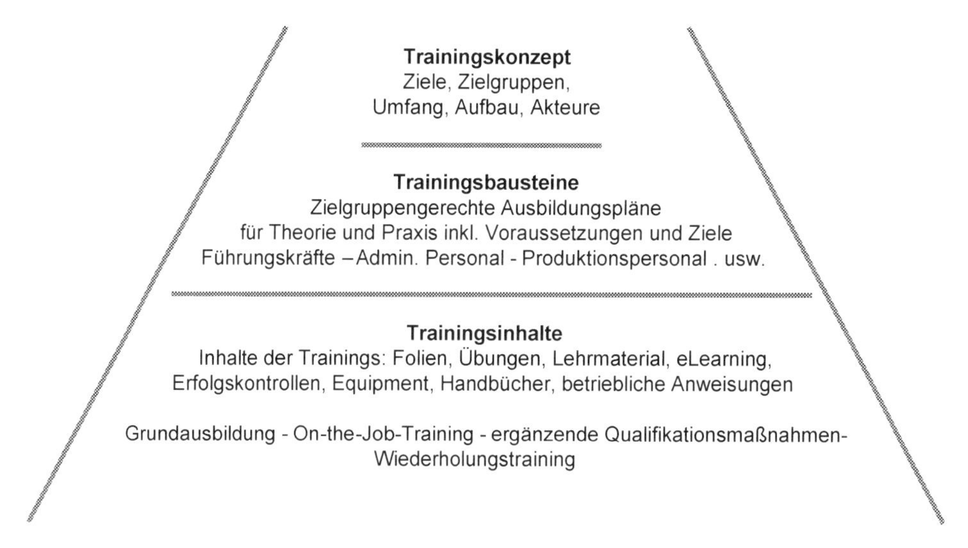

Abb. 7.2 Beispielhafte Grundstruktur für ein detailliertes Qualifikationskonzept. (In Anlehnung an Hinsch 2014, S. 54)

Wissen und Fähigkeiten zu strukturieren und zu vereinheitlichen.[7] Stellenbeschreibungen bilden insoweit einen wichtigen Eckpfeiler zur Erfüllung der Normanforderung 7.2 a).

Die Bestimmung des Deltas zwischen tatsächlicher Kompetenz und Soll-Wert machen die Eignung eines Mitarbeiters oder Bewerbers für die betrachtete Stelle sichtbar. Zugleich leitet sich aus der Stellenbeschreibung ein Qualifikationsbedarf ab. Für diesen sind Qualifizierungs- bzw. Einarbeitungspläne notwendige Instrumente. Sie zeigen auf, welche konkreten Maßnahmen dazu beitragen, das angestrebte Qualifikationsniveau zu erreichen und so die Stellenanforderungen zu erfüllen. Die Pläne enthalten Angaben zu notwendigen On-the-Job-Trainings, fachspezifischen Aus- und Weiterbildungen (z. B. Softwareschulungen) sowie Unterweisungen (z. B. in das betriebliche QM-Wesen oder in die Arbeitssicherheit). Die Bestimmung des exakten Qualifizierungsbedarfs- und -zeitraums obliegt üblicherweise dem Fachvorgesetzten mit Unterstützung des betroffenen Mitarbeiters.

Beispiel Qualifikationsanforderungen an einen Arbeitsplaner

- Erfolgreich abgeschlossene technische Berufsausbildung zum Luftfahrzeugmechaniker bzw. -elektroniker (m/w) oder vergleichbare Qualifikation
- Mehrjährige einschlägige Berufspraxis sowie fundierte Erfahrung in dispositiven Prozessen und im Projektmanagement
- Kenntnisse in SAP, MS Office, AutoCAD
- Kommunikations- und durchsetzungsstark, teamfähig, ein sehr gutes Urteilsvermögen in Bezug auf technische und betriebswirtschaftliche Zusammenhänge
- Fließendes Deutsch und Englisch

Neben den Erstschulungen ist in Qualifizierungsplänen auch festzuschreiben, ob bzw. in welchem Umfang nach Abschluss der Qualifikation periodisch Nachschulungen oder Auffrischungen notwendig sind. Spätere Qualifizierungen können übrigens auch aufgrund der Anschaffung neuer Maschinen oder Geräte, durch neue bzw. geänderte Verfahren und Abläufe oder aufgrund von Aktualisierungen der Zuständigkeiten notwendig werden. Insoweit ist die Ermittlung der Personalkompetenz im Sinne des Normenkapitels 7.2 a) nicht nur bei Stellenneubesetzungen, sondern regelmäßig, z. B. im Rahmen des Jahresmitarbeitergesprächs, durchzuführen.

Die Norm richtet den Blick nicht nur auf eigenes Stammpersonal, sondern auf alle Mitarbeiter, die Tätigkeiten unter Aufsicht der Organisation ausführen. Insoweit dürfen auch Leiharbeitnehmer und temporäre Hilfskräfte etc. nicht außer Acht gelassen werden. Eine besondere Achtsamkeit ist auch deshalb erforderlich, weil diese Mitarbeitergruppen

[7] Stellenbeschreibungen sollten bei Stellenantritt durch den Stelleninhaber unterschrieben werden. Dadurch bestätigt der Mitarbeiter (auch aus haftungsrechtlichen Gründen), dass ihm die Qualifikationsanforderungen, sein Zuständigkeitsbereich und der Berechtigungsumfang bekannt sind. Die unterschriebene Stellenbeschreibung ist dann in der Personalakte abzulegen.

oftmals nicht die gleiche Vertrautheit mit den betrieblichen Verfahren vorweisen können wie die Stammbelegschaft. Zudem muss einkalkuliert werden, dass die Zeitarbeits- oder Servicegesellschaften nicht immer Personal mit der ursprünglich zugesagten Qualifikation bereitstellen (können). Daher reicht es unter Umständen nicht aus, sich allein auf die Zusagen des beauftragten Personaldienstleisters zu verlassen. Hier sind ggf. entsprechende Qualifikationsnachweise anzufordern und zu prüfen. Ist die Aktenlage unklar, so sind eigene Qualifikationsprüfungen durchzuführen und deren Ergebnisse aufzuzeichnen.

Eine angemessene Kompetenz von Fremdkräften ist dabei nicht nur deshalb sinnvoll, weil dieses Personal oft Einfluss auf die Qualität von Produkt und Dienstleistung nimmt. Auch aus Gründen der Enthaftung eigener Führungskräfte im Rahmen der Organisations- und Aufsichtspflicht sollte auf eine angemessene Prüfung der Personalqualifikation geachtet werden.

b. Sicherstellen einer angemessenen Personalqualifikation

Auf eine nähere Betrachtung dieser Normanforderung kann verzichtet werden. Sie ist überflüssig. Sind die Mitarbeiter hinreichend kompetent, so ist diese ISO-Vorgabe ohnehin erfüllt. Muss das Personal indes qualifiziert werden, greift unmittelbar die nächste Anforderung 7.2 c).

c. Durchführung und Bewertung von Qualifikationsmaßnahmen

Mitarbeiter bringen die für ihren Job erforderlichen betriebs- und tätigkeitsspezifischen Voraussetzungen nicht immer im vollen Umfang mit, sondern müssen an ihre Aufgaben zunächst herangeführt werden. Dies geschieht durch Vermittlung von theoretischem Wissen einerseits sowie von praktischen Fertigkeiten und Erfahrungen andererseits. In diesem Rahmen erlernt das Personal sowohl die fachlichen als auch die nicht-fachlichen, also die interpersonellen Anforderungen des jeweiligen Jobs. Art und Umfang der Mitarbeiterqualifikation müssen dabei derart beschaffen sein, dass das Personal in die Lage versetzt wird, die zugewiesenen Aufgaben selbständig und in anforderungsgerechter Qualität auszuführen. Eine allgemeingültige Definition für angemessene Mitarbeiterqualifikation gibt es nicht. Diese ist abhängig vom geplanten Job und der bisherigen Erfahrung, dem Wissen und den Fähigkeiten sowie der Auffassungsgabe des Einzelnen. Von einer unzureichenden Qualifikation wird ein Zertifizierungsauditor in aller Regel jedoch dann ausgehen, wenn sich Ausführungsfehler bei der gleichen Tätigkeit oder beim selben Mitarbeiter häufen. Auditstichproben an Arbeitsplätzen oder in der Dokumentation führen zudem immer wieder zu Beanstandungen, weil Personal nicht ausreichend für die durch sie vorgenommenen Aufgaben qualifiziert waren (z. B. fehlender Stapler-Führerschein oder Maschinen-/Geräteeinweisung kann nicht nachgewiesen werden). Die Erklärung des Mitarbeiters lautet dann nicht selten „Ich wollte nur mal kurz … "

Sofern das Kompetenzniveau nicht den Soll-Werten der Stellenanforderung entspricht, muss die Organisation Abhilfe schaffende Maßnahmen sicherstellen. Die Aus- und Weiterbildung kann dabei folgende Elemente umfassen:

- die (theoretische) Grundausbildung (z. B. fachspezifische Trainings oder Schulungen),
- ein On-the-Job-Training (praktische Erfahrung),
- ergänzende Qualifikationsmaßnahmen (hierzu zählen vor allem Trainings oder Unterweisungen zu betrieblichen Verfahren und Betriebsmitteln sowie zu den Bereichen Qualitätsmanagement, Arbeitssicherheit),
- Wiederholungs-/Continuation Training.

Jede Organisation muss den gesamtbetrieblichen Schulungsbedarfs planen und in einem Schulungsplan zusammenfassen. Dieser soll dazu dienen, die Schaffung, die Aufrechterhaltung und ggf. die Erweiterung der Personalqualifikation kapazitiv zu steuern und die rechtzeitige Bereitstellung der finanziellen Mittel zu ermöglichen.

In der Anmeldung des Qualifikationsbedarfs sind neben der Art der Maßnahme üblicherweise auch eine kurze Begründung für die Durchführung und eine Kostenschätzung vorzulegen. Der Schulungsplan wird der Geschäftsleitung zur Entscheidung vorgelegt und ist mit Abschluss der Jahresplanung oft per Unterschrift zu genehmigen. Der Schulungsplan ist bei Bedarf unterjährig zu aktualisieren. Updates lassen insoweit nicht nur neu hinzugefügte Qualifikationsmaßnahmen erkennen, sondern zeigen auch auf, ob und wann bereits geplante Veranstaltungen durchgeführt wurden.

Gerade kleinere und mittlere Unternehmen (KMU) tun sich mit einer jährlichen Schulungsplanung oftmals schwer, weil die wenigen Schulungen kurzfristig bei Bedarf durchgeführt werden und der Planungshorizont für sie zu groß ist. Praktisch spielt die Schulungsplanung daher meist eine geringe Rolle. Hier reicht eine einfache Planung bzw. Übersicht mit den wenigen bekannten Trainingsmaßnahmen zusammen mit einer Übersicht der unterjährig bereits durchgeführten Schulungen und Unterweisungen im Rahmen des Zertifizierungsaudits i. d. R aus.

Nach Durchführung der Qualifikationsmaßnahme ist eine Wirksamkeitseinschätzung vorzunehmen. Hierfür sind zwei Ansätze vorgesehen:

- die Schulung an sich wird durch den Teilnehmer beurteilt,
- der Vorgesetze prüft einige Zeit nach der Maßnahme, ob die Inhalte vom Teilnehmer angenommen wurden und von diesem im betrieblichen Alltag angewendet werden.

Entscheidend ist hierbei vor allem der zweite Punkt. Es muss also geprüft werden, ob die Trainingsziele erreicht wurden. Dies ist zu dokumentieren, indem Datum der Prüfung, Prüfer und Prüfobjekt (z. B. Auftragsnr.) festgehalten werden der Wirksamkeit erweisen sich als sinnlos, sofern Schlechtbewertungen folgenlos bleiben. Insoweit müssen Verbesserungspotenziale erkannt und umgesetzt werden. Letzteres kann durch Anpassung der Schulungsinhalte oder bei externen Trainingsanbietern durch Aufforderung zur Nachbesserung oder Anbieterwechsel geschehen.

In Zertifizierungsaudits zeigt sich bisweilen, dass die Ermittlung der Wirksamkeit von Qualifikationsmaßnahmen entweder gänzlich unterbleibt oder identifizierte Verbesserungspotenziale nicht umgesetzt, verfolgt oder dokumentiert wurden. Es muss ein wirksamer PDCA-Zyklus erkennbar sein, der nicht nur am Beginn, sondern auch an dessen Ende überzeugt.

d. Dokumentation und Archivierung von Qualifikationsmaßnahmen
Um den Nachweis einer angemessenen Personalqualifikation führen zu können, müssen zum Wissen und zu den Erfahrungen der Mitarbeiter Aufzeichnungen geführt werden. Dies gilt sowohl für die frühere, durch den Mitarbeiter in den Job eingebrachte Qualifikation, als auch für Trainingsmaßnahmen, Unterweisungen und praktische Erfahrungen, die nach Antritt der Stelle durchgeführt bzw. gesammelt wurden. Als Nachweisdokumente eignen sich Facharbeiterbriefe, Urkunden, Teilnahmebescheinigungen, Zertifikate oder Zeugnisse. Gerade bei internen Qualifikationsmaßnahmen werden vielfach auch unterschriebene Teilnehmerlisten oder bei praktischen Qualifikationsnachweisen über einen längeren Zeitraum Logbücher oder Training-Records verwendet.

Als Archivierungszeitraum empfiehlt sich eine Aufbewahrung von zwei Jahren über die Dauer des Beschäftigungsverhältnisses des jeweiligen Mitarbeiters hinaus.

7.3 Bewusstsein

Seit der ISO 9001:2015 wird dem Qualitätsbewusstseins der Mitarbeiter durch ein eigenes Kapitel eine größere Aufmerksamkeit zuteil. Ziel muss es sein, dass sich das Personal des eigenen Handelns und dessen Auswirkungen bewusst ist und so beurteilen kann, wann Produkte oder Dienstleistungen die geforderten Anforderungen erfüllen. Ein angemessenes QM-Bewusstsein erfordert darüber hinaus die Vertrautheit der Mitarbeiter mit den Merkmalen und Bestandteilen

- der Kundenorientierung,
- der Prozessorientierung,
- des risikoorientierten Handelns.

Dazu ist es wichtig, dass das QM-System mit seinen Wesensmerkmalen und Zielen sowie den spezifischen Prozessen, Verfahren, Hilfsmitteln und Vorgaben nicht nur vorhanden ist, sondern auch von den betroffenen Mitarbeitern in Art und Umfang verstanden wird. Nur so kann es Organisationen gelingen, ein nachhaltiges Bewusstsein für die Wichtigkeit und die Bestandteile eines funktionierenden QM-Systems in den Köpfen der Mitarbeiter zu verankern.

Ein gesamtbetriebliches Qualitätsbewusstsein bis auf Mitarbeiterebene lässt sich am ehesten erzielen, wenn strikte Qualitätsorientierung Teil der Organisationskultur wird. Neben der Berücksichtigung von Qualität in Aus- und Weiterbildung ist es notwendig, dass Qualitätsorientierung Eingang in den betrieblichen Alltag findet. Dies beginnt bei einem unmissverständlichen Bekenntnis der Geschäftsleitung und Führungskräfte und setzt sich fort bei einer hohen Akzeptanz und strikten Anwendung der Vorgabedokumentation (z. B.

Prüfpläne, Grenzmuster). Nicht zuletzt wird den Mitarbeitern ein Qualitätsbewusstsein durch die Anwendung einer erkennbaren und betrieblich kommunizierten Prozessüberwachung sowie detaillierten Produkt- und Dienstleistungsprüfungen vermittelt werden.

Als weitere Maßnahme zur Schaffung eines umfassenden Qualitätsbewusstseins verlangt die Norm gem. 7.3 a) und b) eine angemessene Bekanntmachung von Politik und Qualitätszielen – sowohl gegenüber internen Mitarbeitern als auch externem Personal, welches unter der betrieblichen Aufsicht steht. Die Norm fordert formal also ein Verständnis von Qualitätspolitik und -zielen von jedem Organisationsfremden, der unter Aufsicht der Organisation arbeitet – unabhängig von Art und Dauer der Beschäftigung. Ob dies in der täglichen Praxis regelmäßig gelebt und von den Zertifizierungsauditoren eingefordert wird, darf bezweifelt werden. Während die Sinnhaftigkeit dieser Normanforderung bei kurzzeitigem Aushilfspersonal von vielen Organisationen wohl in Frage gestellt wird, sollte dies bei längerfristig tätigem Leihpersonal indes nicht in Zweifel gezogen werden.

Ob den Anforderungen von Kap. 7.3 hinreichend Rechnung getragen wird, lässt sich in einem Zertifizierungsaudit rasch nachvollziehen, denn die Erfüllung ergibt sich keinesfalls nur als ein Gesamtbild. Nicht wenige Auditoren befragen stichprobenartig Mitarbeiter zu Qualitätspolitik und -zielen. „Nie gehört" ist dann die falsche Antwort und wird bei mehrmaligen Auftreten zu einer Beanstandung führen. Mitarbeiter müssen die wesentlichen Aspekte der Qualitätspolitik und die wichtigsten Qualitätsziele sinngemäß kennen und wissen, wo sie diese nachlesen können. Da aber nicht wenige Mitarbeiter Probleme haben, Inhalt und Aufbewahrung zu benennen, empfiehlt sich deren Aushang am Schwarzen Brett oder besser noch eingerahmt an exponierten Stellen, wo diese von jedem gelesen werden können. Dort entgehen Qualitätspolitik und -ziele niemanden. Darüber hinaus sollten Qualitätsziele und Politik durch Führungskräfte und idealerweise durch die Geschäftsführung (z. B. in Betriebsversammlungen) kommuniziert werden. Das gesprochene Wort der Führungskräfte trägt am ehesten zur Verbreitung eines angemessenen Bewusstseins bei.

7.4 Kommunikation

Die Geschäftsführung steht in der Verantwortung, für eine angemessene Kommunikation innerhalb der eigenen Organisation sowie gegenüber Externen Sorge zu tragen. Dies kann neben Meetings über Schriftverkehr/Rundschreiben via Email, Informationsaustausch über das Intranet, Telefon, Betriebszeitungen, Infoblätter oder Aushänge sichergestellt werden. Die Gewährleistung einer angemessenen Kommunikation erscheint zunächst selbstverständlich – im betrieblichen Alltag zeigen sich hier jedoch regelmäßig Defizite. Gerade in Konzern- oder Behördenstrukturen ist die Kommunikation nicht selten kaum mehr als ausreichend. Über alle Hierarchiebenen hinweg zeigen sich zudem oft Mängel bei der Kommunikation von Belangen des Qualitätsmanagements. Dadurch fehlen Mitarbeitern dann die Kenntnis über und das Bewusstsein für Qualität im Allgemeinen sowie beim Wissen und beim Verständnis der Qualitätspolitik und Qualitätsziele im Besonderen.

Insoweit müssen Kommunikationsstrukturen und -standards definiert sein, die festlegen, wie spezifische Informationen von wem, über welche Kanäle, an wen und bis wann verbreitet werden. Die betrieblichen Kommunikationsstrukturen müssen nicht notwendigerweise schriftlich vorliegen und können auch über viele Prozesse (z. B. Vertriebs- oder Planungsprozesse) verteilt sein. Hilfreich für das Audit ist gewiss eine Kommunikationsmatrix. Wichtiger ist jedoch, dass den Mitarbeitern die entsprechenden Anforderungen an Art und Umfang der Kommunikation (*was, wann* und für ein Bewusstsein und Verständnis auch *wozu*) in ihrem jeweiligen Aufgabengebiet bekannt sind. Dies erfordert nicht notwendigerweise immer schriftlich niedergelegte Strukturen, wohl aber ein einheitliches Bild unter den Beteiligten.

Jenseits aller Kommunikationskanäle sollte eine offene Kommunikations*kultur* etabliert werden, da sie das wirksamste Mittel gegen mangelndes Mitteilungsbedürfnis ist.

Die Kommunikationsanforderungen gelten intern, wie auch gegenüber Externen.

Im Zertifizierungsaudit wird der Kommunikationsprozess kaum als eigener Prozess auditiert werden, sondern üblicherweise als eingebetteter Bestandteil in den verschiedenen Organisationsbereichen oder Prozessen.

Eine systematisch ungeordnete Kommunikation, aus der sich eine schwerwiegende Auditbeanstandung ableiten lässt, kann nur selten nachgewiesen werden. Dies wird dadurch begünstigt, da keine normenseitige Verpflichtung zur Dokumentation der Kommunikationsstrukturen und -vorgaben besteht.

7.5 Dokumentierte Information

7.5.1 Allgemeines

Normen sind ebenso berühmt wie berüchtigt für ihre Dokumentationsanforderungen. In der ISO 9001 finden sich diese in allen Kapiteln wieder, wobei die Basis im Kap. 7.5 formuliert ist.

Grundsätzlich unterscheidet die Norm zwischen Dokumenten und Aufzeichnungen. Bei ersteren handelt es sich um Vorgabedokumente, bei letzteren um Nachweisdokumente. Aufzeichnungen sind somit ebenfalls Dokumente, wenngleich diese eigens kategorisiert werden. Die Norm verwendet für diese Dokumentenarten den übergeordneten Begriff der „dokumentierten Information“ . Damit soll zum Ausdruck gebracht werden, dass die Art des Medienträgers keine Rolle spielt. So können z. B. die Qualitätspolitik oder eine Arbeitsanweisung auch als Video- oder Audiodatei vorliegen. Bei dokumentierten Informationen kann es sich im Einzelnen handeln um:

- betriebliche QM-Dokumentation (z. B. Prozessbeschreibungen, Arbeits- und Verfahrensanweisungen, Vorlagen, Ausfüllanleitungen und (nicht ausgefüllte) Checklisten, Stellenbeschreibungen, Videos),

- (interne) fachlich-technische Dokumente (z. B. eigene Herstellungs-, oder Instandhaltungsanweisungen, bspw. in Form von Zeichnungen, Videoaufnahmen, Schaltplänen, Testbeschreibungen und -vorgaben, Musterfotos, Muster, Videos),
- externe Dokumentation (z. B. Kundenvorgaben, Betriebsanweisungen, Instandhaltungsanweisungen, Herstellungsanweisungen, Zeichnungen, Videoaufnahmen, Schaltpläne, Normen, Gesetze, Verordnungen).
- Aufzeichnungen/Nachweisdokumente (z. B. Zertifikate, Protokolle, Freigabe-/Abnahmedokumente, Durchführungsbescheinigungen, ausgefüllte Checklisten)

Im Rahmen der ANMERKUNG wird darauf hingewiesen, dass sich Art und Umfang der dokumentierten Informationen an den individuellen Bedingungen des Einzelfalls orientieren. Als maßgebliche Faktoren werden die Größe der Organisation, das Produktportfolio bzw. Leistungsspektrum, die Komplexität der Leistungserbringung sowie die Fähigkeiten des Personals genannt. Der Dokumentationsumfang kann in Zertifizierungsaudits punktuell zu Diskussionen zwischen der Organisation und dem Auditor führen, weil oftmals gegensätzliche Meinungen bestehen, in welcher Detailtiefe QM-Dokumentation vorliegen und Aufzeichnungen geführt werden sollten. Dies gilt insbesondere dort, wo dokumentierte Informationen durch die Norm zwar grundsätzlich gefordert, nicht aber in Art und Umfang festgelegt sind (insbesondere im Rahmen der Leistungserbringung, Kap. 8).

Vorgabedokumentation

Organisationen bleibt es zunächst selbst überlassen, wie sie ihre Vorgabedokumentation ausgestalten und ob sie primär (schriftlich fixierte) Prozessbeschreibungen und Anweisungen anfertigen oder ob die Prozesse und Regeln über das gesprochene Wort und das Gewohnheitsrecht gesteuert werden. Im Rahmen einer ISO-Zertifizierung muss die Organisation gegenüber ihrem Auditor letztlich in der Lage sein nachzuweisen, dass die Mitarbeiter ihre Prozesse beherrschen und neue Mitarbeiter ihre Aufgaben entsprechend der betrieblichen Vorgaben erlernen können und dauerhaft anwenden. Die Erfahrung lehrt, dass dies ab einer Organisationsgröße von 15–20 Mitarbeitern[8] zu einem erheblichen Teil dokumentierte Festlegungen erfordert und daher alle Kernprozesse in Form schriftlicher Vorgaben beschrieben sein sollten.

Ein Qualitätsmanagementhandbuch (QMH) ist für die Erlangung einer ISO 9001 Zertifizierung nicht zwingend notwendig. Ein solches hat aber durchaus Vorteile: Schließlich wird den Mitarbeitern und Auditoren damit *ein* Basisdokument an die Hand gegeben, welches in den meisten Organisationen einen soliden Überblick über den betrieblichen Qualitätsrahmen und die Qualitätsanforderungen vermittelt:

[8] Die tatsächliche Zahl hängt insbesondere vom Produkt- bzw. Leistungsportfolio und dem IT-Einsatz ab.

- Qualitätspolitik und Qualitätsziele (Kap. 5.2 und 6.2),
- Verpflichtungserklärung der obersten Leistung (Kap. 5.1.1),
- Definition des Anwendungsbereichs (Kap. 4.3)
- Organisationsaufbau mit wesentlichen Zuständigkeiten und Verantwortlichkeiten (Kap. 5.3),
- betriebsspezifische Umsetzung des prozessorientierten Ansatzes sowie eine holistische (übergeordnete) Beschreibung der Kernprozesse und der wesentlichen Verfahren (Kap. 4.4 und 0.3),
- Organisationsprofil einschließlich eines Überblicks über die betrieblichen Ressourcen, um Externen oder neuen Mitarbeitern einen kurzen Überblick über die Organisationsaktivitäten und die Fazilitäten zu bieten.

Im Hinblick auf notwendige Prozess- oder Verfahrensbeschreibungen gibt es keinen vorgeschriebenen Mindestumfang. Jede Organisation muss aber über ein *nachhaltig* wirksames QM-System verfügen, sodass wesentliche Prozesse beschrieben sein müssen. Die Norm enthält dazu Hinweise auf Prozesse, deren schriftliche Fixierung zumindest angeraten erscheint. Dies ist dort gegeben, wo die ISO 9001 die Festlegung eines, wenn auch (formal) nicht notwendigerweise schriftlich fixierten, Prozesses vorschreibt:

- Planung der Produkt- und Dienstleistungsrealisierung (Kap. 8.1),
- Steuerung von ausgelagerten Prozessen (Kap. 8.1),
- Kundenkommunikation (Kap. 8.2.1),
- Identifikation von Anforderungen an Produkt und Dienstleistung (Kap. 8.2.2),
- Entwicklung (Kap. 8.3.1),
- Produktion oder Dienstleistungserbringung (Kap. 8.5.1 b).

Neben der Anforderung, geordnete und nachvollziehbare Prozessstrukturen zu unterhalten, müssen entsprechend der Norm punktuell auch einzelne Tätigkeiten *„eingeführt“* bzw. *„festgelegt“* werden:

- Anforderungen an bestimmte Prozessabschnitte in der Entwicklung (Kap. 8.3.2),
- Kriterien an die Lieferantenbeurteilung, -auswahl und -steuerung (Kap. 8.4.1),
- Überwachungsaktivitäten bei ausgelagerten Prozessen oder Funktionen (Kap. 8.4.2),
- Produkt- und Dienstleistungsmerkmale sowie erwartete Ergebnisse der Leistungserbringung (Kap. 8.5.1).

Bei diesen Vorgaben besteht zwar kein Zwang für eine schriftliche, Darlegung. Die Normenanforderungen werden aber schwierig durchzusetzen und aufrechtzuerhalten sein, wenn für die Mitarbeiter keinerlei einzusehende und nachvollziehbare Anweisungen existieren. Beschreibungen schaffen Klarheit und damit Ablaufstabilität.

Üblicherweise sollten also alle Kernprozesse einschließlich Vertrieb und Beschaffung sowie ausgewählte Unterstützungsprozesse, insbesondere die des Qualitätsmanagements

(Dokumente und Aufzeichnungen, Umgang mit fehlerhaften Leistungen) als visuell dokumentierte Prozessdarstellungen vorliegen.

Nachweisdokumentation

Aufzeichnungen stellen eine besondere Form von Dokumenten dar. Bei ihnen handelt es sich nicht um Vorgabe- sondern um Nachweisdokumentation. Sie beweisen, ob, wie oder mit welchen Ergebnissen Aufgaben und Tätigkeiten durchgeführt wurden. Sie können damit auch Auskunft darüber geben, in welchem Zustand sich Produkte oder Dienstleistungen befinden. Aufzeichnungen sind z. B. ausgefüllte Checklisten oder Formblätter, Nachweiszertifikate, Durchführungsbescheinigungen, Protokolle, dokumentierte Messergebnisse oder abgestempelte Arbeitsaufträge. Im gesamten Normentext werden zahlreiche dokumentierte Informationen ausdrücklich gefordert, die als Nachweisdokumentation dienen, so zu/zur:

- Überprüfung und Kalibrierung von Betriebsmitteln und sonstiger Ressourcen (Kap. 7.1.6),
- Personalkompetenz (Kap. 7.2),
- allen Aktivitäten der Leistungserbringung, in einem Umfang, dass mit diesen Aufzeichnungen die Erfüllung der Produkt- Dienstleistungsanforderungen nachgewiesen werden kann (Kap. 8.1),
- Bewertungen von Produkt- Dienstleistungsanforderungen (Kap. 8.2.3),
- Bewertung von Anforderungen an die Produktentwicklung (Kap. 8.3.2),
- Entwicklungsergebnisse (Kap. 8.3.5),
- Entwicklungsänderungen (Kap. 8.3.6),
- Ergebnisse der Lieferantenbeurteilung und -überwachung (Kap. 8.4.1),
- Produktrückverfolgbarkeit, soweit gefordert (Kap. 8.5.2),
- Änderungen in Prozessen der Produktion bzw. Dienstleistungserbringung (Kap. 8.5),
- Freigabe von Produkten und Dienstleistungen (Kap. 8.6),
- Nichtkonformen/fehlerhaften Prozessen, Produkten und Dienstleistungen (Kap. 8.7),
- Überwachung, Messungen und Analyse (Kap. 9.1),
- Auditergebnissen (Kap. 9.2.2),
- Nichtkonformitäten und deren Korrekturmaßnahmen (Kap. 10.2),
- Managementbewertungen (Kap. 9.3.2).

7.5.2 Erstellen und Aktualisieren

In diesem Normenkapitel sind Regeln zur Erstellung und Aktualisierung von dokumentierten Informationen festgelegt.

a. Dokumente und Aufzeichnungen sind hinreichend zu kennzeichnen. Dazu werden einige Mindestangaben als Beispiele genannt. Weitere wichtige Informationen können der Revisionsstand, das Ausstellungsdatum oder eine etwaige Gültigkeitsdauer sein. Eine angemessene Kennzeichnung dient dazu, die eindeutige Identifikation dokumentierter Informationen sicherzustellen, um so deren Historie leichter rückverfolgen zu können.

b. Es ist unerheblich, ob die Organisation die Dokumente in Papier, als pdf-Datei, über das Intranet im html-Format oder in anderer Art und Weise, z. B. als Video- oder Audiodatei, zur Verfügung stellt. Ebenso ist die Art des Aufbewahrungs- und Archivierungsmediums (Papier, Web, Bänder, Film) nicht vorgeschrieben. Wichtig ist, dass die dokumentierten Informationen über den definierten Aufbewahrungszeitraum nicht geändert werden können, lesbar bleiben sowie etwaigen Anforderungen von Kunden und Gesetzgeber gerecht werden. Auch sind in diesem Zuge die Vorgaben des Normenkapitels 7.5.3.2 (Lesbarkeit, Zugriff und Aufbewahrung und Wiederauffindbarkeit) zu beachten.
c. Sämtliche Dokumente müssen ein Freigabeverfahren durchlaufen, bevor diese in der Organisation offiziell verbreitet werden dürfen. So wird sichergestellt, dass nur solche Dokumente Verbreitung finden, die vollständig, korrekt und notwendig sind. Überdies ist vor einer Freigabe auf folgende Aspekte zu achten:
   - Widerspruchsfreiheit zu anderen Vorgaben,
   - Berücksichtigung von Verweisen,
   - Erfüllung der Entwicklungs- und Kundenanforderungen,
   - Anwendbarkeit bzw. Durchführbarkeit der Vorgaben,
   - Einhaltung gesetzlicher, behördlicher oder normativer Bestimmungen.

Für die Dokumentenprüfung und Freigabe wird dringend empfohlen, ein dokumentiertes Verfahren vorzuhalten. So lässt sich die Gefahr reduzieren, dass nicht qualifizierte bzw. nicht autorisierte Mitarbeiter ungeeignete Vorgaben in die Organisation steuern.

7.5.3 Lenkung dokumentierter Information

Zum Umgang mit Dokumenten und Aufzeichnungen macht die ISO 9001:2015 folgende Vorgaben:

a. Es ist sicherzustellen, dass alle zur Arbeitsdurchführung erforderlichen dokumentierten Informationen in der Nähe des jeweiligen Arbeitsplatzes zur Verfügung stehen. Hierbei geht es primär um Dokumente, weniger um Aufzeichnungen. In der betrieblichen Praxis kommt es bisweilen vor, dass QM-Dokumentation passwortgeschützt und so für Mitarbeiter ohne IT-Account nicht zugänglich ist. Ein anderes Negativ-Beispiel ist die Aufbewahrung von Material-/Betriebsstoffdatenblättern beim zuständigen Materialplaner und nicht Vor-Ort bei den Nutzern (z. B. im Lager). Dokumentierte Informationen sind dabei hinreichend nachvollziehbar abzulegen und eine Wiederauffindbarkeit muss sichergestellt sein.

b. Dokumentierte Informationen sind angemessen zu schützen. Eine größere Rolle als physische Dokumentenbeschädigungen durch unsachgemäßen Gebrauch ist in diesem Zuge ein technisch bedingter Datenverlust sowie Datendiebstahl. Ein ausgezeichnetes Beispiel für die Nichtbeachtung dieser einfachen Regel sind die Datenentwendungen durch Bradley-Chelsey Manning und Edward Snowden. In beiden Fällen waren hochsensible Daten einem unberechtigten Nutzer leicht zugänglich und haben aus Sicht der betroffenen Organisation extrem hohen Schaden angerichtet. Um ähnliche Erfahrungen zu umgehen, sind dokumentierte Informationen, wo angemessen, mit einem Passwortschutz zu versehen, ggf. zu unterteilen nach Schreib- und Leseberechtigungen. Ein sorgsamer Umgang mit IT-gebundenen Informationen ist umso mehr geboten, da betriebliche Werte immer seltener in Sachanlagen, sondern zunehmend in elektronischen Dokumenten und Aufzeichnungen gebunden sind. Deren angemessener Schutz ist daher existenziell.

   Dennoch darf der Schutz physischer Dokumente und Aufzeichnungen nicht gänzlich außer Acht gelassen werden. Abhilfe können hier z. B. Klarsichthüllen oder das Laminieren von Dokumenten in schmutzintensiver Umgebung oder einfaches Zurückbringen zum vorgesehen Einlagerungsort bei längerem Nichtgebrauch schaffen.

Darüber sind entsprechend Kap. 7.5.3.2 folgende Vorgaben im Zuge dokumentierter Informationen einzuhalten:

a. Eine betriebliche *Bekanntmachung* neuer genehmigter Dokumente ist notwendig, um sicherzustellen, dass am Arbeitsplatz stets die letztgültige Dokumentenversion zum Einsatz kommt. Für ein strukturiertes Vorgehen eignen sich hierbei z. B. Verteilerlisten, ggf. ergänzt um Einweisungen oder Schulungen (bspw. bei neuen oder stark geänderten Prozessen oder technischen Anpassungen). In diesem Zuge ist nicht nur die Verteilung aktualisierter Dokumente, sondern auch der Einzug veralteter Dokumentation zu steuern. In Zeiten elektronischer Dokumente mag dieses Problem zwar kleiner geworden sein. Es gibt jedoch noch immer Mitarbeiter, die Dokumente auf dem Desktop-Bildschirm ablegen oder vor dem Lesen ausdrucken und anschließend in Ordnern oder Schubladen ablegen. Diese Versionen nutzen sie möglicherweise auch dann noch (unbeabsichtigt), wenn längst eine Dokumentenaktualisierung veröffentlicht wurde. Da sich dieses Risiko nie gänzlich ausschließen lässt, sollte die Organisation regelmäßig auf das damit verbundene Problem aufmerksam[9] machen und so eine Sensibilisierung schaffen.

[9] Dies kann z. B. im Rahmen einer per Mail angekündigten Dokumentenrevision erfolgen. Eine solche Nachricht könnte mit einem entsprechenden Standardsatz enden („Bitte vernichten Sie Ausdrucke der bisherigen Version"). Zudem weisen viele Betriebe in der Fußzeile ihrer Dokumente grundsätzlich daraufhin, dass gedruckte Dokumente nicht der Revision unterliegen und nach deren Gebrauch zu vernichten sind.

b. Die *Ablage* dokumentierter Informationen muss eine Struktur und Ordnung aufweisen, die es ermöglicht, Daten in angemessener Zeit wiederzufinden. Dies gilt insbesondere im laufenden Betrieb. Zu oft sind Ordnerstrukturen wenig logisch und für einen Außenstehenden kaum nachvollziehbar. Überdies sind Ordner zu verschiedenen Projekten in vielen Organisationen nicht synchron strukturiert und bereiten den Nutzern daher Kopfzerbrechen.

Auch die *Lesbarkeit* dokumentierter Informationen muss stets gewährleistet sein. So dürfen auch Vorgabedokumente nicht unleserlich vergilbt oder verdreckt sein. In der betrieblichen Praxis ist die Zustandsverschlechterung meist ein Problem von Aufzeichnungen oder älterer Entwicklungsdokumente. Daraus folgt, dass nicht alle Aufzeichnungen und Dokumente über den vorgeschriebenen Aufbewahrungszeitraum lesbar bleiben. Die verschiedenen Aufbewahrungsmedien weisen dabei unterschiedliche Risiken auf. So neigt z. B. Thermopapier mit der Zeit zum Ausbleichen. Bei elektronischen Speichermedien ist bei sehr langfristiger Aufbewahrung die Datei-Kompatibilität zu gewährleisten.

Organisationen müssen *Datensicherungen* anlegen. In kleineren und mittleren Betrieben weist insbesondere die regelmäßige Datensicherung (Backup) und der Schutz eigener Daten vielfach Verbesserungspotenziale auf. Der Datensicherung wird in diesen Fällen noch nicht die gebührende Aufmerksamkeit gewidmet. Dabei wird oft vergessen, dass betriebliche Werte nicht mehr primär in (meist versicherten) Gebäuden und Anlagen, sondern in der IT hinterlegt sind. Insoweit ist es nicht nur mit Blick auf das Zertifizierungsaudit wichtig, dass die Organisation über klare Regeln zum Schutz der betrieblichen Daten verfügt. Daher sollte Folgendes idealerweise schriftlich definiert sein: Passwort-Konventionen, eigenmächtige Software-Installationen, Zugriffsrechte, Vorgehen bei Vernichtung oder Außerbetriebnahme von Datenträgern (Festplatten, DVD etc.) sowie allgemeine Hinweise (oder gar Schulungen) zur Risikosensibilisierung der Mitarbeiter. Darüber hinaus muss für den Datenschutz Sicherheitssoftware (Firewall, Virenschutz etc.) eingerichtet sein, die in ihrer Qualität und Leistungsfähigkeit dem Wert der zu schützenden Daten angemessen ist.

Backups müssen an einem anderen Ort aufbewahrt werden als die Originaldateien. Ein feuerfester Tresor in den gleichen Räumlichkeiten oder eine Netzsicherung bei einem externen Provider sind dabei ebenso geeignet, wie die Auslagerung an einen anderen Standort (z. B. beim Geschäftsführer zu Hause oder in einem Banksafe). Die Häufigkeit von Datensicherungen orientiert sich an der Organisationsgröße und an den IT-technisch verarbeiteten Daten. Die meisten Organisationen sichern ihre Daten täglich, wöchentlich oder monatlich sowie halbjährlich oder jährlich. Es ist übrigens zu empfehlen, das Zurückspielen gesicherter Daten gelegentlich zu testen. Sehr oft gelingt dies nämlich nicht. Um die Nachvollziehbarkeit zu erleichtern, sind (letzte) Änderungen kenntlich zu machen. Sämtliche Dokumente sind mit einem Revisionsstand, einem Ausstellungsdatum sowie ggf. mit einer Gültigkeitsdauer zu versehen, um eine Dokumentenhistorie zu schaffen und so die Rückverfolgbarkeit sicherzustellen.

c. Änderungen an dokumentierten Informationen müssen einer Steuerung und Überwachung unterliegen. Dazu muss jede Organisation eine entsprechende Rückverfolgbarkeit und Aufbewahrung veralteter oder nicht mehr verwendeter Dokumente und Nachweise sicherstellen. Unter diese Normenanforderung fällt auch die Vorgabe des letzten Absatzes dieses Normenkapitels, wonach dokumentierten Informationen vor unbeabsichtigten Veränderungen zu schützen sind.
d. Für die Archivierung/Aufbewahrung dokumentierter Informationen sind im Normalfall folgende Aspekte zu berücksichtigen:[10]
   - Es sollte ein kontrollierter Zugang zum Archiv sichergestellt sein, um das Risiko widerrechtlicher Entwendungen zu minimieren. Zudem können so Entnahmen von Originaldokumenten und -aufzeichnungen überwacht und Verantwortlichkeiten im Fall eines Nicht-Zurückbringens nachvollzogen werden.
   - Aufzeichnungen müssen geschützt werden (z. B. vor Feuchtigkeit, Feuer, Diebstahl), damit diese während der vorgeschriebenen Aufbewahrungsfrist lesbar bleiben.
   - Es sind Aufbewahrungsfristen festzulegen. Die Norm macht jedoch keine Vorgaben zu diesen. Insoweit ist im Einzelfall zu prüfen, ob Kunden, Gesetzgeber (insbesondere HGB) oder Behörden Fristen vorgeben. Ist dies nicht der Fall, so sollte eine Aufbewahrung von mindestens drei Jahren festgelegt werden.
   - Die Wiederauffindbarkeit von archivierten Dokumenten und Aufzeichnungen muss in einem angemessenen Zeitraum sichergestellt werden können. Angemessen bedeutet etwa binnen ein bis zwei Tagen (innerhalb eines Zertifizierungsaudits).

Die ISO 9001:2015 fordert, dass die Organisation nicht nur für die eigenen dokumentierten Informationen verantwortlich ist. Ebenso ist sicherzustellen, dass eine angemessene Lenkung und Aufbewahrung von Dokumenten und Aufzeichnungen der Kunden und Lieferanten (externe Herkunft) im eigenen Verfügungskreis stattfindet. Soweit dies aus den dokumentierten Informationen von Extern nicht hervorgeht, sind diese als solche zu kennzeichnen. Auch ist zu beachten, ob diese in besonderer Weise pfleglich oder vertraulich zu behandeln sind. Unter Umständen sind entsprechende Anforderungen der Kunden an Lieferanten weiterzureichen. Insoweit sollten sämtliche Anforderungen von Kap. 7.5.3 bei eigenen und bei fremden dokumentierten Informationen gleichermaßen Anwendung finden.

[10] vgl. hier zum Teil auch Kap. 7.5.3.2 b).

8 Betrieb

Kap. 8 setzt sich mit den Kernelementen unternehmerischer Wertschöpfung, nämlich der Entwicklung und Beschaffung sowie mit der Produktion bzw. Dienstleistungserbringung, auseinander. Dabei macht es keinen Unterschied, ob der Organisation Produkte entwickelt und herstellt oder ausschließlich Dienstleistungen erbringt bzw. bereitstellt.

Das Normenkapitel 8 beginnt mit der Planung der Produktrealisierung (Kap. 8.1), durchläuft über den Vertrieb die Erfassung und Bewertung der Kundenbedürfnisse (Kap. 8.2) und setzt sich (soweit anwendbar) über eine in Phasen gegliederte Entwicklung (Kap. 8.3) fort. Die Leistungserbringung findet ihren Abschluss in einer nach klaren Vorgaben ablaufenden Produktion bzw. Dienstleistungserbringung (Kap. 8.5). Den Kernprozessen ist ebenfalls die Beschaffung zugeordnet (Kap. 8.4).

Diese Kernprozesse müssen derart gestaltet sein, dass sie den Anforderungen von Kunden, interessierten Parteien sowie von Gesetzgeber und Behörden gerecht werden, aber auch die eigenen betrieblichen Qualitätsziele langfristig erfüllen.

8.1 Betriebliche Planung und Steuerung

Eine langfristig, von hoher Qualität geprägte Leistungserbringung ist nur in einem Umfeld klar definierter und strukturiert gesteuerter Prozesse möglich. Im Normenkapitel 8.1 sind Vorgaben definiert, die helfen sollen, einen systematischen Rahmen für die betriebliche Entwicklung, Herstellung und Beschaffung sowie für die Kundeninteraktion zu etablieren. Der Aufbau und Ablauf dieser Wertschöpfungsprozesse darf dabei nicht „auf der grünen Wiese" stattfinden, sondern muss in Einklang mit den übrigen Prozessen des Qualitätsmanagements stehen (vgl. Abb. 8.1 und 8.2) und die Risiken und Chancen in der Leistungserbringung angemessen berücksichtigen.

M. Hinsch, *Die ISO 9001:2015 – Ein Ratgeber für die Einführung und tägliche Praxis*,
https://doi.org/10.1007/978-3-662-56247-5_8

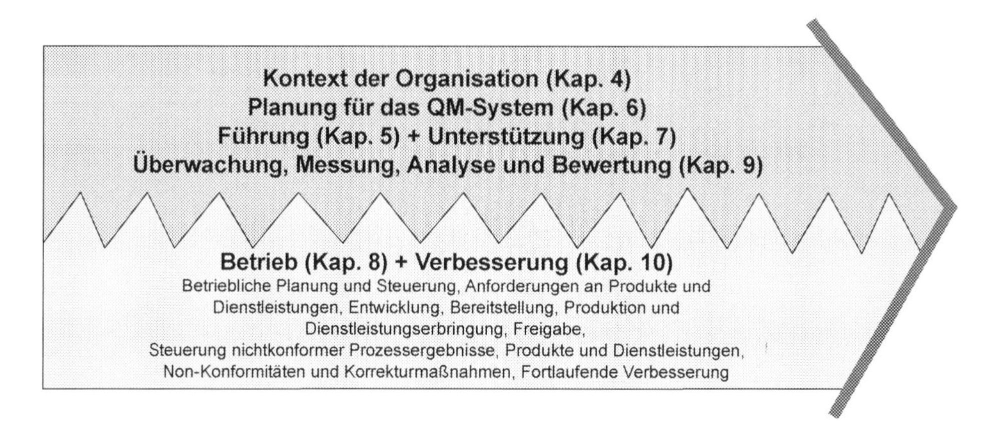

Abb. 8.1 Verzahnung von Produktrealisierungs- und QM-Prozessen. (In Anlehnung an Hinsch 2018, S. 72)

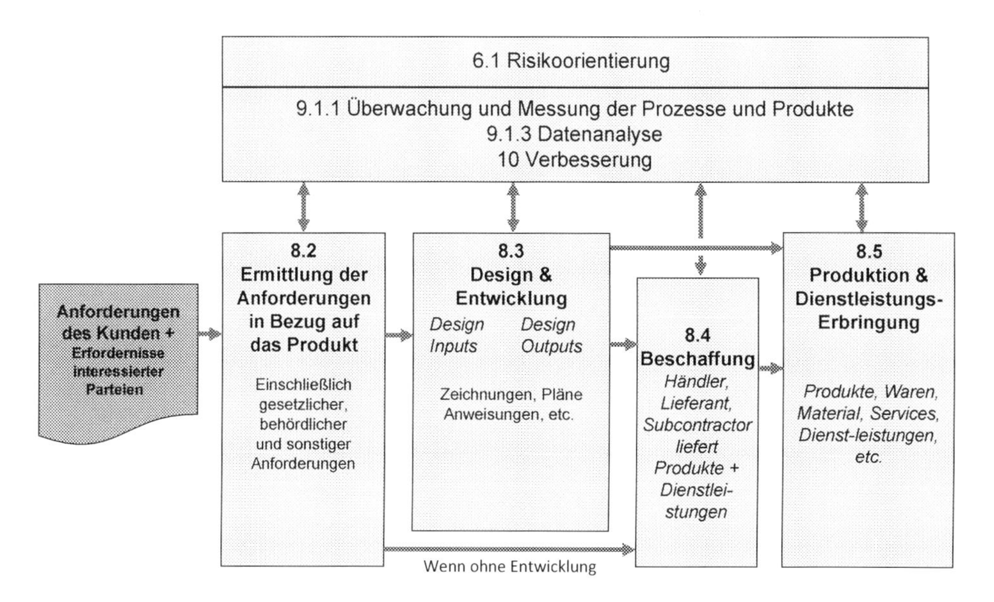

Abb. 8.2 Planung der Produktrealisierung. (Ähnlich Hinsch 2014, S. 65)

Um eine ISO-konforme Wertschöpfung zu etablieren, sind Planungselemente und Grundstrukturen zu definieren, die der Organisationsgröße und dem Produkt- und Dienstleistungsportfolio angemessen sind. Die Norm macht dazu bei folgenden Aspekten der Leistungserbringung explizite Vorgaben:

a. *Produkt und Dienstleistung*: Es ist sicherzustellen, dass die Erbringung der Produkte und Dienstleistungen systematisch geplant wird. Die allgemein formulierte Aussage wird in den weiteren Abschnitten des Kap. 8 detailliert und kann daher an dieser Stelle vernachlässigt werden.

b. *Prozesse*: Mit der Definition der Leistungserbringungsprozesse wird das Gerüst der Wertschöpfung definiert. Die Organisation muss dazu festlegen, wie die Prozessschritte technisch bzw. sachlich korrekt ausgeführt werden. Die einzelnen Tätigkeiten bekommen so eine Ordnung und werden durch die Prozesse zu einem sinnvollen Ganzen zusammengefügt. Dabei ist auch die erforderliche Prozessunterstützung, z. B. durch Arbeitskarten- und Archivierungssysteme, durch IT-Unterstützung oder durch Bestimmung des Fremdvergabeumfangs, festzulegen. Der Detaillierungsgrad der Prozessdefinition hängt vom betrieblichen und produkt- bzw. fertigungsspezifischen Einzelfall ab.
   Prüfaktivitäten zur Messung der Produkt- bzw. Dienstleistungskonformität: Es ist sicherzustellen, dass die Qualität im Zuge der Leistungserbringung hinreichend geprüft wird. Dafür ist zu definieren, wann der Prozess-Output den Soll-Parametern entspricht. Die Normanforderung 8.1 b) kann hier vernachlässigt werden, da diese im weiteren Verlauf nochmals detailliert formuliert wird. So geschieht dies insbesondere bei der Entwicklungsvalidierung und -verifizierung (8.3.4 c und d), bei der Produktions- und Dienstleistungslenkung (8.5.1 d und g sowie 8.6) sowie im Zuge der Überwachung und Messung (vgl. auch Kap. 9.1).
c. *Ressourcen*: sind wesentliche Inputs der Wertschöpfung und müssen geplant werden. Ressourcen umfassen betriebliche Produktionsfaktoren (Personal, Räumlichkeiten, Betriebsmittel, IT) sowie extern zu beschaffende Produkte und Dienstleistungen (z. B. Material, Betriebsstoffe, Bauteile, Leihpersonal, Konstruktionen, etc.). Entsprechend Normkapitel 8.1 muss die Planung in der Lage sein, die notwendigen Ressourcen zu bestimmen und zeitgerecht bereitzustellen. Es ist zu gewährleisten, dass die notwendigen Ressourcen wie Personalkapazität, technische Ausrüstung und Räumlichkeiten, aber auch Software und finanzielle Mittel vorhanden sind, um die Leistungserbringung anforderungsgerecht auszuführen.
d. *Steuerung*: Die Leistungserbringung muss entsprechend den festgelegten Prozessen nicht nur durchgeführt, sondern auch gesteuert und überwacht werden. Art und Umfang der Überwachungskriterien richten sich dabei nach den Vorgaben der Kap. 8.6 und 9.1.
e. *Dokumentierte Informationen*: Dokumente und Aufzeichnungen müssen in angemessenem Umfang vorliegen bzw. erstellt werden, damit die Wertschöpfung in der vorgesehenen Weise durchgeführt und nachgewiesen werden kann. Zum Teil handelt es sich hier um eine redundante Normenvorgabe mit Kap. 4.4.2, aber auch mit weiteren Abschnitten in Kap. 8, da dokumentierte Informationen im weiteren Verlauf explizit gefordert werden.

Ein weiterer Teil von Kap. 8.1 setzt sich mit dem Outsourcing ganzer Prozesse auseinander. In der Normensprache wird dabei der Begriff der „ausgelagerten Prozesse“ verwendet. Die Anforderungen an die Steuerung und Überwachung richten sich dabei nach den Normenvorgaben von Kap. 8.4 (Kontrolle von extern bereitgestellten Produkten). Wichtig ist es, über das betriebliche Bewusstsein zu verfügen, dass die Verantwortung gegenüber dem Kunden allein durch Ausgliederung von Prozessteilen an Dritte nicht delegierbar ist. Die Organisation muss also auch beim Outsourcing sicherstellen, dass die Anforderungen an die ausgegliederten Prozesse entsprechend der Kundenanforderungen und der sonstigen Vorgaben erfüllt werden. Dazu bedürfen *alle* Prozesse, die ausgelagert werden, der systematischen, d. h. nachvollziehbaren Überwachung und Steuerung. Dies gilt somit auch für die outgesourcte Buchhaltung oder Personalbeschaffung, die keinen Einfluss auf die Produkt- oder Dienstleistungskonformität nehmen. Im Zertifizierungsalltag wird i. d. R. jedoch nur das Vorgehen bei ausgelagerten Prozessen mit direktem oder indirektem Produktbezug auditiert.[1]

8.2 Anforderungen an Produkte und Dienstleistungen

8.2.1 Kommunikation mit dem Kunden

Die Norm fordert in diesem Unterkapitel, dass Organisationen hinreichende Kommunikationsstrukturen mit dem Kunden etablieren. Kommunikation kann dabei mittels persönlichem Gespräch oder durch Briefe, über Telefon, Email, Dokumententausch, IT-Plattformen oder Kundenveranstaltungen stattfinden. Da Kommunikation jede Art des Informationsaustauschs umfasst, gelten auch Marketingmaßnahmen wie Informations- bzw. Werbematerial (Broschüren, Flyer, technische Datenblätter etc.) und die eigene Website als Kanäle der Kundenkommunikation.

Die Norm gibt nur wenige Hinweise, wann Kundenkommunikation oder die ihnen zugrundeliegenden Organisationsstrukturen in Art und Umfang angemessen sind. Dies ist wesentlich darauf zurückzuführen, dass die Kundenkommunikation maßgeblich von der Art der Leistungserbringung und der Bedeutung des Kunden abhängt. Allgemein gilt, dass die Kommunikationsstrukturen dann als angemessen bezeichnet werden können, wenn davon auszugehen ist, dass sich der Kunde, unter Berücksichtigung seiner Bedeutung für die Organisation, hinreichend informiert fühlt. Dazu muss mit Hilfe der Kundenkommunikation sichergestellt werden, dass

a. ein angemessener Austausch zu den Produkt- bzw. Dienstleistungseigenschaften stattfindet.
b. eine hinreichende Abstimmung mit dem Kunden bei Auftragsanbahnung und -abschluss stattfindet. Dies gilt insbesondere für Anpassungen, die in der Zeit zwischen erstem Kontakt und Vertragsabschluss entstehen. Überdies sind Änderungen im Leistungsumfang zu kommunizieren, die während der Vertragslaufzeit gefordert oder notwendig werden.
c. Kundenfeedback von der Organisation systematisch (d. h. nicht nur von einzelnen Mitarbeitern) aufgenommen und verarbeitet wird. Dies gilt in besonderer Weise für Beschwerden und Reklamationen.

[1] Letztlich besteht ein Interpretationsspielraum, da es sich gem. Kap. 8.4.1 um „Prozesse" handeln muss. Werden indes nur Tätigkeiten ohne Bezug zum eigentlichen Produkt oder zur Dienstleistung outgesourct, wie z. B. Gärtnerarbeiten auf dem Betriebsgelände oder Büroreinigungs- und Hausmeisterarbeiten, sieht die Norm keine expliziten Steuerungs- und Überwachungsaktivitäten vor. Jeder möge dann selbst argumentieren, ob es sich bei der (outgesourcten) Buchhaltung oder Personalbeschaffung um einen Prozess oder eine Tätigkeit handelt.

d. soweit anwendbar Anforderungen an den Umgang mit Kundeneigentum frühzeitig abgestimmt werden.
e. soweit anwendbar ein Vorgehen im Fall von Notfällen geregelt ist (insbesondere Ausfall von Ressourcen wie Geräte oder IT-Systeme).

Gute Kommunikation ist dabei aktiv ausgerichtet, so dass diese nicht nur auf Kundeninitiative entsteht, sondern von der Organisation vorausschauend aufgebaut wird.

Der Blickwinkel richtet sich im Zertifizierungsaudit oft auf die Abstimmung während der Auftragsanbahnung, auf die Kommunikation im Zuge von Reklamationen und Beschwerden sowie auf die Kundeninteraktion bei Änderungen während der Leistungserbringung.

8.2.2 Bestimmen von Anforderungen an Produkte und Dienstleistungen

Zu wissen, was der Kunde will, ist Voraussetzung dafür, eine Geschäftsbeziehung zu initiieren und schließlich die Kundenerwartungen zu erfüllen. Kundenbedürfnisse zu erkennen und umzusetzen, ist auch Voraussetzung dafür, einem der Kernanliegen der ISO 9001, nämlich der Kundenzufriedenheit, gerecht zu werden. Da es in diesem Normenkapitel um die Bestimmung von Produkt- bzw. Dienstleistungsanforderungen geht, setzen die ISO-Anforderungen noch vor Eingehen einer Lieferverpflichtung an.

Die Vorgaben dieses Normenkapitels fokussieren sich dabei nicht auf die Bestimmung spezifischer Anforderungen individueller Kundenanfragen mit allen spezifischen behördlichen, gesetzlichen und zum Teil individuellen Einzelbedürfnissen. Hier geht es um die allgemeine Fähigkeit der Organisation, die Anforderungen bestimmen und die eigenen Produkte bzw. Dienstleistungen anbieten zu können. Dazu muss die Organisation in der Lage sein, alle notwendigen Anforderungen unabhängig vom Ursprung zu ermitteln (Kap. 8.2.2 a), zu erfüllen und zu begründen (Kap. 8.2.2 b). Überdies muss (vor allem auch durch den Zertifizierungsauditor) nachvollzogen werden können, weshalb die Organisation sich in der Lage sieht, die Anforderungen der Leistungen zu erfüllen. Gänzlich ohne Nachweisdokumentation wird dies nur selten gelingen. Mit dieser Normenvorgabe soll im Vorwege vermieden werden, dass unausgereifte Leistungen mit nicht erfüllbaren Anforderungen angeboten werden.

8.2.3 Überprüfung von Anforderungen an Produkte und Dienstleistungen

Eine Überprüfung der Anforderungen in Bezug auf das Produkt oder die Dienstleistung setzt sich aus zwei Schritten zusammen: Der Ermittlung und der Bewertung der Anforderungen. Eine Trennung dieser beiden Schritte gestaltet sich in der betrieblichen Praxis oft schwierig. Die Ermittlung und die Bewertung der Kundenanforderungen sind aber unterschiedliche Vorgänge und so werden diese im Folgenden getrennt erklärt.

Ermittlung von Anforderungen in Bezug auf das Produkt oder die Dienstleistung
Die Ermittlung der Anforderungen in Bezug auf das Produkt oder die Dienstleistung obliegt im betrieblichen Alltag vor Einführung federführend der Entwicklung oder später dem Vertrieb oderbzw. vertriebsnahen Abteilungen (z. B. Customer Service).[2] Bei komplexen Kundenanfragen erhalten diese Organisationseinheiten üblicherweise Unterstützung aus der Entwicklung, der Produktion oder der Dienstleistungserbringung, der Materialwirtschaft und/oder dem Controlling. Um ein Angebot abgeben zu können, erhält die Organisation vom potenziellen Kunden im einfachsten Fall eine Artikelnummer, bei komplexeren Produkten und Dienstleistungen eine Beschreibung der Leistungs- bzw. Auftragsanforderungen in Form einer Spezifikation bzw. eines Lastenhefts. Darin werden dann mittels textlicher Beschreibungen, Auflistungen, Zeichnungen, Schaltpläne und Fotos die erwarteten Anforderungen und Vorgaben hinsichtlich Funktionalität, Design, Leistungserbringung, Materialien sowie Prüfung und Abnahme formuliert. Darüber hinaus sind in der Spezifikation meist auch organisatorische Anforderungen an die Auftragsabwicklung wie Termine und Verantwortlichkeiten, festgeschrieben.[3] Nicht zuletzt können darin ebenfalls Bedingungen an Verpackung, Transport und Lieferung oder Instandhaltbarkeit gestellt werden. Ziel der Kundenspezifikation ist es, eine möglichst vollständige, schlüssige und eindeutige Beschreibung der zu erbringenden Leistung zu erhalten.

Komplexe Kundenanfragen müssen von der Organisation zunächst in sinnvolle Einzelanforderungen zerlegt werden. Denn nur durch eine parzellierte Ermittlung der Kundenbedürfnisse lassen sich diese in einem zweiten Schritt systematisch überprüfen.

Ein Instrument zur Erfassung der Kundenanforderungen sowie zusätzlich zu erfüllender gesetzlicher, behördlicher oder anderer Vorgaben ist die Compliance-Matrix (vgl. Abb. 8.3).

Projekt + Auftragsnummer	
Kundenspezifikation	

Revision Nr.	Datum	Name (Wer?)	Beschreibung	Kundenfreigabe	Über Änderung wurde intern informiert...
1.0	15.9.18	P. Müller	Ersterstellung	GF, 25.9.2018	Engineering, Logistik
...	...	...	...	...	...

Anforderungen		Machbarkeit / Risiken / Maßnahmen /Nachweise				Freigabe
Quelle/ Ursprung	Anforderung (Beschreibung)	Zuständig für Prüfung	Bemerkung / Hinweise	Prüfung durchgeführt (Name / Datum)	Erfüllt: Nachweis / Dokument	Erfüllt: Ja/NEIN
...	...	...	...	...	...	...

Abb. 8.3 Beispiel für eine Compliance Matrix. (Vgl. Hinsch 2014, S. 83)

[2] Bei Neuentwicklungen kann diese Aufgabe auch der Entwicklungsabteilung obliegen.

[3] Für Anforderungen an Spezifikationen siehe Hinsch (2017), S. 62.

Hierbei handelt es sich um eine Tabelle, bei der in Zeilen die einzelnen Anforderungen aufgelistet werden. In den Spalten werden zugehörige Informationen dokumentiert. Hierzu zählen z. B. Beschreibung, Wichtigkeit der Anforderung, innerbetriebliche Zuständigkeit, Besonderheiten und Risiken, Open-Items oder Nachweiskriterien für die Erfüllung. Idealerweise sollte auch eine Spalte enthalten sein, die darüber Auskunft gibt, wer bei etwaigen Änderungen an der jeweiligen Anforderung informiert wurde. Eine Compliance Matrix ist ein lebendes Dokument und wird sukzessive befüllt. So werden üblicherweise in einem ersten Schritt die identifizierten Anforderungen aufgelistet, während in einem zweiten Schritt, im Zuge der Prüfung, eine Hinterlegung detaillierter Informationen erfolgt.

Bei Erfassung der Kundenanforderungen ist auf Vollständigkeit zu achten.[4] Nicht immer sind in der Spezifikation des Kunden alle Anforderungen umfassend niedergeschrieben. So können einzelne Anforderungen vom Kunden aus Unwissenheit oder Nachlässigkeit vergessen worden sein oder sie werden stillschweigend vorausgesetzt (z. B. CE Kennzeichnung).

Bei Zweifeln oder Unklarheiten im Rahmen der Ermittlung von Einzelanforderungen sollte der Kunde befragt werden.

Bei Massenware wie z. B. Normteilen und Standarddienstleistungen fällt die Ermittlung der Produkt- und Leistungsanforderungen weniger detailliert aus. Kunden ordern in diesem Fall Artikel mit definierten Bestellnummern aus einem Verkaufsportal oder basierend auf Verkaufsprospekten, so dass die Organisation lediglich die einzelnen Auftragspositionen sowie ggf. Liefertermin und Lieferbedingungen identifizieren muss.

Bewertung der Anforderung in Bezug auf das Produkt oder Dienstleistung

Nachdem in einem ersten Schritt entsprechend Kap. 8.2.2 die Anforderungen an das Produkt oder die Dienstleistung im Allgemeinen festgelegt wurden, müssen diese in einem zweiten Schritt geprüft werden. Dazu sind die Produkt- und Leistungseigenschaften einerseits sowie die betrieblichen Ressourcen andererseits den Kundenwünschen gegenüber zu stellen. Durch die Überprüfung soll die Frage beantwortet werden können, ob die Organisation die vom Kunden oder anderweitig festgelegte Anforderungen vollständig erfüllen kann und welche Unsicherheiten und Risiken mit ihnen verbunden sind. Die Antworten müssen gegeben werden.

- vor Abgabe eines verbindlichen Angebots oder
- vor Eingehen einer Lieferverpflichtung (Verträge bzw. Aufträge) oder
- vor Annahme von Vertrags- oder Auftragsänderungen.

Für die Bewertung wird bei komplexen Leistungen die bestehende Compliance-Matrix Zeile für Zeile, d. h. Anforderung für Anforderung, abgearbeitet. Hierbei geht es z. B. um die Benennung und die Beurteilung umsetzungsspezifischer Besonderheiten oder Unsicherheiten bzw. Risiken, Nachweiskriterien zur Anforderungserfüllung oder Open-Items.

[4] Hinweise auf die verschiedenen Anforderungsarten gibt Kap. 8.2.3 a)–c) sowie die dortige ANMERKUNG.

Dies gilt insbesondere im Umfeld von Großaufträgen oder bei Neukunden. Auch Anfragen mit besonderen bzw. kritischen Anforderungen beinhalten i. d. R ein Potenzial für eine risikobehaftete Kundeninteraktion. Einen weiteren Risikoschwerpunkt können neue Technologien bilden, sowohl im Hinblick auf erstmals in der Organisation eingesetzte Verfahrenstechniken, Prozessstrukturen, Software oder Produkte, als auch in Bezug auf neu am Markt verfügbare Technik (z. B. 3D-Drucke oder neue Composite-Mischungen). Wie immer sich die Risikosituation der spezifischen Kundenanfrage darstellt, so ist diese konkret zu ermitteln, zu bewerten und mit gezielten Lösungsansätzen noch vor Eingehen einer Lieferverpflichtung zu entschärfen.

Die Bewertung der Produkt- und Dienstleistungsanforderungen umfasst ebenfalls eine angemessene Beurteilung der Kapazitätsverfügbarkeit und, soweit angebracht, eine mindestens grobe Projekt- bzw. Auftragsplanung. Beides ist wichtig, weil sich nur so ermitteln lässt, ob der Kundenauftrag zum erwarteten Lieferzeitpunkt erfüllbar ist.

In einem Zertifizierungsaudit muss stets damit gerechnet werden, dass die Dokumentation zur technischen und kapazitiven Bewertung einer Kundenanfrage geprüft wird. Auch die Identifizierung und Bewertung der auftragsspezifischen Risiken wird in jedem Vertriebsaudit geprüft. Insoweit ist es wichtig, dass entsprechend der Normenvorgabe zu den Bewertungen und den zugehörigen Maßnahmen hinreichend Aufzeichnungen geführt werden.

Bei positivem Ergebnis zur technischen Machbarkeit muss eine konsolidierte kaufmännische Bewertung der Anfrage folgen. Dazu sind nicht nur Arbeitsstunden bzw. -kosten, Fremdleistungen sowie direkte Material- und Sachkosten zu erfassen, sondern auch solche Aufwendungen, die nur indirekt dem Auftrag zuzuordnen sind (z. B. spezielle Anschaffungen, Schulungen, Overhead). Eine solide Auftragskalkulation ist aus Normenperspektive wichtig, weil nur so eine langfristige betriebliche Marktpräsenz sichergestellt werden kann.

Vertrieb oder Kundenbetreuung haben gerade bei großen oder komplexen Anfragen dabei oft nur eine Koordinations- und Schnittstellenfunktion zwischen Kunde einerseits sowie den Fachabteilungen andererseits. Letztere, also z. B. die Entwicklung, die Arbeitsplanung oder Produktionsleitung, führen mit ihrer Expertise die eigentliche Beurteilung der Kundenanfrage durch. Wichtige Prüfkriterien bilden für sie neben dem Produktdesign und den Produkt- oder Dienstleistungsmerkmalen, z. B. Kompetenz, Herstellungsverfahren, die eingesetzten Materialien oder Zutaten, Betriebs- und Hilfsmittel, die Kapazitätsauslastung sowie Lieferzeiten und Preisvorstellungen.

Abgabe eines Angebots

Für das abgabereife Angebot sollte darauf geachtet werden, dass handschriftliche Bemerkungen eingearbeitet wurden und keine Loseblattsammlung, sondern eine ordentliche, nachvollziehbare Dokumentenstruktur vorliegt. Haben überdies alle involvierten Entscheidungsträger ihre Überprüfungen vorgenommen und via Email oder per Unterschrift freigegeben, kann das Angebot abgegeben werden. Dabei sollte zwecks Risikoreduzierung eine Unterschriftenregelung für Vertriebsaktivitäten vorliegen.

Wurde das geprüfte Angebot vom Kunden schließlich akzeptiert, muss die Auftragsbestätigung bzw. ein dann folgender Vertrag auf Übereinstimmung mit dem Angebot abgeglichen werden. Erst wenn die Angaben dieser Dokumente übereinstimmen oder Abweichungen geklärt wurden, darf die Lieferverpflichtung eingegangen werden.

Hat der Kunde seine Anforderungen nicht oder nicht hinreichend schriftlich spezifiziert, so muss die Organisation dies im Angebot oder in der Auftragsbestätigung tun. Damit soll ein für beide Parteien klares Bild zum Auftragsumfang geschaffen und spätere Konfliktpotenziale noch vor deren Entstehung vermieden werden.

Bei Massenware oder standardisierten Dienstleistungen ist ein anderer Bewertungsschwerpunkt zu legen. Schließlich ist hier eine detaillierte Einzelprüfung der Erfüllbarkeit einer Kundenanfrage weder für den Kunden noch für die Organisation hilfreich. In diesem Fall ist es eher geboten, auf eine hinreichende Beschreibung der Produkte und Dienstleistungen in Verkaufsportalen oder -prospekten zu achten. Die Bewertung sollte dann einen Abgleich der Bestelldaten mit diesen Verkaufsinformationen umfassen.

8.2.4 Änderung von Anforderungen an Produkte und Dienstleistungen

Große, komplexe Angebote bzw. Aufträge entwickeln sich in einem iterativen Prozess. Bis schließlich eine Lieferverpflichtung eingegangen wird, haben Kunde und Organisation oft mehrere Abstimmungsschleifen mit zahlreichen Änderungen gedreht. Damit stets alle Anpassungsbedarfe Berücksichtigung finden, ist es wichtig, dass Änderungen umgehend in die Dokumentation zur Auftragsanbahnung eingepflegt und so die Anforderungen vorheriger Revisionen überarbeitet werden. Üblicherweise erfolgt die Dokumentenablage in einem elektronischen Projekt- oder Angebotsordner, in dem dann auch der jeweils letzte Stand der Anforderungsbewertung vollständig abgebildet ist. Änderungen sind dabei innerbetrieblich bei den Beteiligten bekannt zu machen, um Kenntnis und Bewusstsein für den jeweils letztgültigen Änderungsstatus zu schaffen.

8.3 Entwicklung von Produkten und Dienstleistungen

8.3.1 Allgemeines

Am Beginn eines jeden Produktlebenszyklusses steht die Entwicklungsphase, die dazu dient, eine Idee in ein marktreifes Produkt zu verwandeln. Nach der Markteinführung spielen Entwicklungsaktivitäten erneut eine Rolle, wenn Modifikationen, Erweiterungen oder umfangreiche Reparaturen am Ursprungsprodukt vorgenommen werden. Eine steuerungswürdige Phase der „Produkt"-Entwicklung kann auch bei Dienstleistungen erforderlich werden, z. B. in der medizinischen Forschung, bei der EDV-Programmierung oder in Konstruktionsbüros.

Organisationen, die Entwicklungsleistungen zu ihrem Leistungsspektrum zählen, müssen diese unter beherrschten Bedingungen durchführen und daher einen Entwicklungsprozess etablieren und anwenden.

Kap. 8.3.1 enthält keine spezifischen Vorgaben. Wenn die Organisation Entwicklungen zum eigenen Aufgabenspektrum zählt, gelten die Anforderungen dieses Kap. 8.3.1 als erfüllt, sobald alle anderen Anforderungen zur Entwicklung umgesetzt wurden.

8.3.2 Entwicklungsplanung

Stundenaufwand und Kapitalbedarf der meisten Entwicklungsvorhaben sind derart groß, dass die wirtschaftlichen und terminlichen Entwicklungsziele nur durch systematische Vorbereitung erreicht werden können. Aus diesem Grund müssen Organisationen ihre Aktivitäten im Bereich der Produkt- und Dienstleistungsentwicklung strukturiert planen und überwachen. Entwicklungsprojekte sind dazu in Phasen aufzuteilen. Diese setzten sich einerseits aus weitestgehend projektunabhängigen Entwicklungsabschnitten (vgl. Abb. 8.4) sowie andererseits aus projektspezifischen, fachlich-technischen Arbeits-/Aufgabenpaketen zusammen. Solche Entwicklungsphasen und -pakete sind dabei einem Verantwortlichen bzw. einer Organisationseinheit zuzuordnen (vgl. 8.3.2 d).

Die einzelnen Entwicklungsabschnitte müssen im Hinblick auf Umfang, Aufgabe und Ziel nachvollziehbar formuliert und die erwarteten Ergebnisse klar definiert sein (vgl. Kap. 8.3.2 b). Am Ende jeder Phase stehen dazu i. d. R Entwicklungsprüfungen

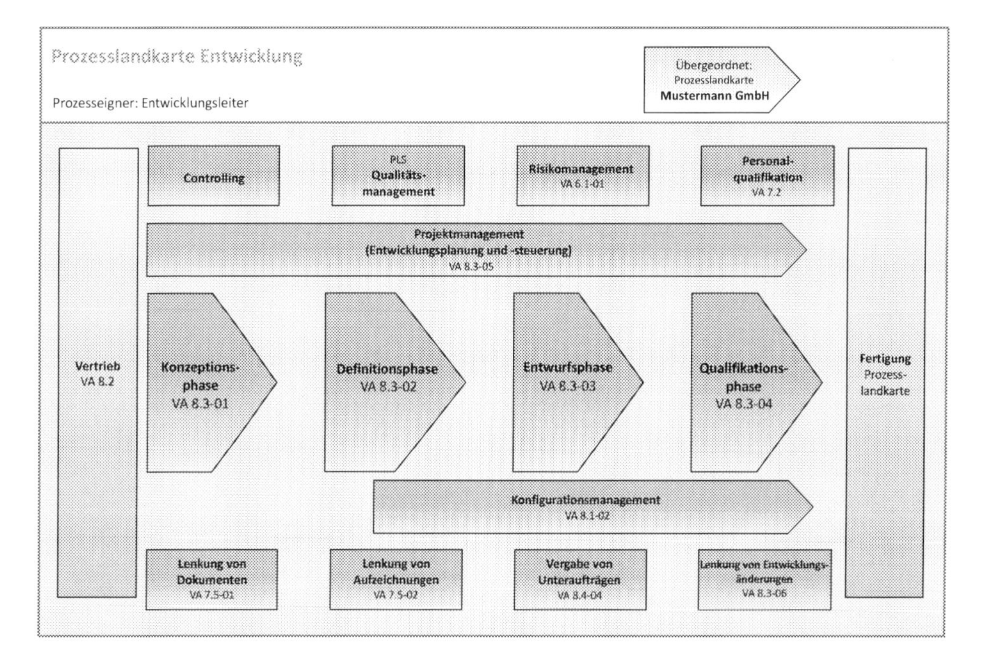

Abb. 8.4 Beispiel für eine Prozesslandkarte Entwicklung. (Ähnlich Hinsch 2014, S. 88)

(vgl. 8.3.4 b) und spätestens zum Entwicklungsabschluss Verifizierungen und eine Validierung der Ergebnisse sowie eine abschließende Dokumentation (vgl. 8.3.5).

Für Entwicklungsvorhaben muss eine geeignete Organisationsstruktur etabliert werden, die eine vollständige und wirksame Zusammenarbeit zwischen den Beteiligten ermöglicht. Zur Erfüllung der Anforderungen wird in der betrieblichen Praxis auf das Projektmanagement zurückgegriffen. Entwicklungsplanung, -durchführung und -überwachung werden also über ein Projekt sichergestellt. Den Ausgangspunkt bildet dazu in aller Regel ein Projekt- oder Kundenauftrag. Auf dessen Basis wird ein Projektplan erstellt, in dem das Entwicklungsvorhaben in abgegrenzte und überschaubare Projektbestandteile unterteilt wird. Der Projektplan gibt vor, was, wann und von wem zu tun ist. Ein solcher Plan muss eine Detailtiefe aufweisen, die die spätere Steuerung und Überwachung des Entwicklungsprojekts möglich macht. Die Norm weist dabei explizit daraufhin (Kap. 8.3.2 f und i), dass unter Umständen auch Kunden, Lieferanten, Design Partner und andere Nutzer in den Entwicklungsprozess einzubeziehen sind. In der betrieblichen Praxis ist es gerade bei großen Entwicklungsprojekten nicht ungewöhnlich, dass der Kunde nicht nur an strategischen Entwicklungsreviews, sondern auch an operativen Abstimmungsmeetings teilnimmt, um den Projektablauf zu überwachen und Fehlentwicklungen frühzeitig entgegenwirken zu können.

Bei kleinen, einfachen Entwicklungsaufgaben, z. B. auch Änderungsentwicklungen, kann die Planung und Systematisierung der Arbeit anstelle formaler Prozessstrukturen, z. B. mittels Formblättern oder eines IT-Workflows, formalisiert und nachvollziehbar gewährleistet werden.

In einem Zertifizierungsaudit wird üblicherweise ein aktuelles oder gerade abgeschlossenes Projekt in Augenschein genommen. Der Plan muss dabei vom auditierten Mitarbeiter erklärt werden können. In diesem Zuge müssen auch die geplanten und ggf. bereits in Anspruch genommenen Entwicklungsressourcen erkennbar werden. Zu diesen zählen neben den internen Arbeitsstunden auch Fremdleistungen und etwaige Materialkosten.[5] Insgesamt muss dargelegt werden können, dass die Entwicklung unter beherrschten Bedingungen stattfindet. In Abhängigkeit der Projektgröße und der Kundenanforderungen kann auch ein Risiko- und ein Konfigurationsmanagement[6] Bestandteil der Entwicklungsplanung werden.

In Zertifizierungsaudits zeigt sich, dass der Planungsgrad von Entwicklungsprojekten in der täglichen Praxis bisweilen nicht ausreichend ist. So wird dann die Planungstiefe

[5] Zur Bestimmung der Aufwendungen kann z. B. auf eine Compliance Matrix zurückgegriffen werden, indem mit Hilfe eines Buttom-Up-Ansatzes Stunden, Fremdleistungen und Material zu den einzelnen Anforderungen geschätzt werden.

[6] Das Konfigurationsmanagement (KM) spielt insoweit in die Entwicklungsplanung hinein, weil es eine hierarchische Produktstruktur vorgibt. Das KM ist damit ein über den gesamten Entwicklungs- und Projektmanagementprozess ständig parallel laufender Subprozess. In der betrieblichen Praxis müssen Entwicklungsplanung und Konfigurationsmanagement(planung) daher ineinander verzahnt sein. Zum Konfigurationsmanagement vgl. Hinsch (2018, S. 79 ff.). sowie Hofmann, Hinsch (2013, S. 69 ff.).

nicht der Projektgröße, der Komplexität der Entwicklungsaufgabe, der Arbeitsteiligkeit oder Art und Umfang des vorgesehenen Fremdvergabepakets gerecht.

Wenngleich durch die Norm nicht explizit vorgeschrieben, so sollten Organisationen mit einem hohen Entwicklungsaufkommen einen dokumentierten Rahmen mit einem Prozess oder ggf. mehreren Teilprozessen, ggf. einschließlich einer Prozesslandkarte *Entwicklung* (vgl. z. B. Abb. 8.4) vorhalten. Dies hilft nicht allein dem Auditor, sondern schafft auch für Entwicklungsmitarbeiter eine nachvollziehbare Arbeitsgrundlage und ein Bewusstsein für die Einbettung der eigenen Aufgaben innerhalb des Entwicklungsprozesses.

8.3.3 Entwicklungseingaben

Ausgangspunkt einer Entwicklung sind dokumentierte Vorgaben und mündliche Informationen, die klar aufzeigen oder z. T. auch nur Hinweise darauf geben, was das Ziel der Entwicklungsaktivitäten ist bzw. sein soll. *Eingaben* sind Inputs der Entwicklung und bilden in ihrer Summe eine Beschreibung der geplanten Entwicklungsleistung Um ein umfassendes und präzises Bild über die Anforderungen zu erhalten, müssen die Eingaben zunächst zusammengetragen werden. Bei Kundenaufträgen beginnt die Ermittlung der Eingaben bereits im Angebotsprozess (vgl. Kap. 8.2). Ziel ist es, auf Basis der Eingaben eine möglichst vollständige, schlüssige, widerspruchsfreie und eindeutige funktionale Beschreibung der Produkt- bzw. Leistungsanforderungen zu erhalten.[7] Weitere Inputs sind Eingaben hinsichtlich der Qualifikation (z. B. Zuverlässigkeit, Reaktionsgeschwindigkeit, Optik, Toleranzen, Gewicht, Sauberkeit) sowie Vorgaben an Qualität, Kosten, Datenschutz, Rechtssicherheit, Instandhaltung, Material oder Transport und Lagerung. Beim Zusammentragen der Eingaben ist, wo sinnvoll, auf Erfahrungen früherer Entwicklungsvorhaben zurückzugreifen.

Den Input für Entwicklungen bilden Anforderungen des Kunden oder internen Auftraggebers sowie betriebliche Vorgaben, externe Standards und Selbstverpflichtungen. Entsprechend der Aufzählung in Normenkapitel 8.3.3 sind darüber hinaus auch gesetzliche und behördliche Vorschriften als Eingangsdaten für eine Entwicklung heranzuziehen. Typische Eingabedokumente sind daher z. B.:

- Kundenspezifikationen,
- Ergebnisse aus Marktanalysen,

[7] Als gedankliche Checkliste können bei physischen Produkten die unter den sog. „4 F“ (Form, Fit, Function, Fatigue) subsummierten funktionalen und technischen Basisanforderungen sowie Qualifikationsvorgaben herangezogen werden.

- Umweltschutz- und Gefahrstoffvorgaben,
- anerkannte Entwicklungs- und Qualifikationsvorgaben, Normen oder allgemein anerkannte TeststandardsVerfahrensstandards,
- Entwicklungseingaben aktueller bereits auf dem Markt befindlicher Produkte und Dienstleistungen.

Handelt es sich um Änderungsentwicklungen an bestehenden Produkten oder Dienstleistungen, so umfassen die Entwicklungseingaben z. B. Änderungswünsche des Kunden, beobachtete oder gemeldete Qualitätsmängel und Verbesserungspotenziale sowie selbst identifizierte Ergänzungs- und Änderungsbedarfe (betriebsintern oder durch Marktstudien etc.).

Zu den Inputs der Entwicklung sind Aufzeichnungen zu führen. Die identifizierten Anforderungen sollten, insbesondere bei komplexen Entwicklungen, in einer Compliance-Matrix aufgelistet und den zugehörigen Eingabedokumenten (z. B. Kundenspezifikation, Gesetze) zugeordnet werden. Wichtig ist, dass die Entwicklungseingaben strukturiert, vollständig und präzise zu einem möglichst einheitlichen Bild ausgearbeitet werden. Dazu lassen sich in der betrieblichen Praxis meist verschiedene Anforderungsstufen unterscheiden:

- *Muss-Kriterien*: für das Produkt oder die Dienstleistung unabdingbare Merkmale, deren Erfüllung in jedem Fall sichergestellt sein muss,
- *Soll-Kriterien*: die Erfüllung ist nicht unmittelbar notwendig, eine Realisierung der entsprechenden Anforderungen wird jedoch angestrebt,
- *Kann-Kriterien*: die Erfüllung ist nicht notwendig, wird aber angestrebt, sofern der geplante Ressourceneinsatz dadurch nicht überschritten wird,
- *Abgrenzungskriterien*: mit diesen Anforderungen wird explizit darauf hingewiesen, dass bestimmte Kriterien nicht erreicht werden sollen (Ausschlussprinzip).

Nicht zuletzt besteht die Verpflichtung, dass sich die Beteiligten potenzielle Fehlerarten und deren Auswirkungen bei den zu entwickelnden Produkten und Dienstleistungen bewusst werden (Kap. 8.3.3 e), um diese durch geschickte Entwicklung schon im Ansatz verhindern zu können. Folgende Beispiele sollen diese Normanforderung verdeutlichen:

- Entwicklung eines Vorderrads vom Fahrrad: Dort könnten die Speichen brechen, weil sie a) zu dünn dimensioniert sind, b) zu lose eingespeicht sind, c) scharfkantige Biegeradien haben, die zu Brüchen führen oder d) die Felge unterdimensioniert ist.
- Bei Elektrogeräten müssen mögliche Konsequenzen im Hinblick auf Brandgefahr, Ausfall, elektrische Strahlung berücksichtigt werden.

8.3.4 Entwicklungssteuerung

a. Definition der Entwicklungsergebnisse

Die Entwicklungsergebnisse sind in Hinblick auf den Inhalt und die kapazitiven und zeitlichen Projektanforderungen zu definieren. Inhaltlich erfolgt die grobe Definition der Entwicklungsergebnisse zu einem großen Teil bereits über die Entwicklungseingaben, z. B. mittels Kundenspezifikation. Dennoch wird auch im Zuge der Entwicklungsdurchführung weiterer Output definiert, wie beispielsweise die detaillierte Produktzusammensetzung oder Toleranzen/Annahmekriterien. Aus Perspektive der Norm muss sichergestellt werden, dass die Angaben vollständig, nachvollziehbar und verständlich sowie korrekt und widerspruchsfrei sind.

Die zu definierenden Entwicklungsergebnisse können übrigens auch Vorgaben im Bereich des Projektmanagements umfassen (z. B. Einhaltung von Termin- oder Kapazitätsbudgets).

Sobald die Entwicklungsprojekte in ihrer Umsetzung gestartet sind, müssen diese nicht nur inhaltlich, sondern auch kapazitiv und terminlich gesteuert und kontinuierlich den erwarteten Ergebnissen gegenüber gestellt werden. Während die strategische Entwicklungssteuerung über Entwicklungsreviews (vgl. Kap. 8.3.4 b) abgewickelt wird, liegt die tages- und wochenbezogene Projektüberwachung üblicherweise in der Verantwortung des Projektleiters oder seiner Teilprojektmanager. Im Blickwinkel liegt dabei die Entwicklung des Abarbeitungsgrads einzelner (Teil-) Arbeitspakete. Den Soll-Arbeitsfortschritten werden die in Anspruch genommenen Kapazitäten, meist auf Basis der von den Mitarbeitern auf das Aufgabenpaket gebuchten Stunden gegenübergestellt. Ein solcher Abgleich erfolgt üblicherweise auf Basis tages- oder wochenaktueller Ist- und Sollwerte pro (Teil-) Arbeitspaketebene. Dies ermöglicht eine rasche Identifizierung von Planabweichungen sowie die Initiierung etwaiger Gegensteuerungsmaßnahmen. Entwicklungstätigkeiten müssen dazu in einer Form angewiesen werden, die es dem Ausführenden ermöglicht, zu erkennen, welche Vorgaben und Ziele dieser zu erfüllen hat. Es handelt sich bei dieser Normanforderung insoweit um die operative Umsetzung der Planungsaktivitäten.

b. Entwicklungsprüfungen (Reviews)

Im Rahmen der Entwicklungsprüfung (auch: Entwicklungsreview[8]) geht es darum, die Entwicklung in ihrem Status und Verlauf gegen die Vorgaben der Entwicklungsplanung und Entwicklungseingaben systematisch zu prüfen. Bei der Entwicklungsprüfung im Sinne des Normenkapitels 8.3.4 handelt es sich um eine Führungsaufgabe. Dazu sollten an diesen projektbezogenen Management-Bewertungen neben dem Führungspersonal der Entwicklung, Leitungskräfte aus einigen oder allen der folgenden Bereiche teilnehmen: Einkauf, Vertrieb, Fertigung/Herstellung/Service-Bereiche, Qualitätsmanagement, Produktentwicklung, Auftragsmanagement, Montage und Kundenservice. Eventuell ist

[8] Bisher wurde hier der Begriff der Entwicklungsbewertung verwendet, vgl. ISO 9001:2008 Kap. 7.3.4.

der Kunde mit einzubinden. Durch das breite Teilnehmerspektrum kann ein vielschichtiges Erfahrungs- und Meinungsspektrum eingefangen werden. So lassen sich am ehesten Probleme und Risiken, aber auch Verbesserungspotenziale frühzeitig identifizieren und angehen. Typische Entwicklungsbewertungen sind z. B. das

- Preliminary Requirement Review, in dem über die Durchführbarkeit des Projekts und die Abgabe eines Angebots entschieden wird.
- System Specification Review, zu dem die Spezifikation (Anforderungen) vorliegt und freigegeben wird.
- Preliminary Design Review, zu dem ein Grobentwurf ausgearbeitet ist und die Genehmigung zur detaillierten Entwicklung erfolgt.
- Critical Design Review, in dessen Rahmen die finale Entwurfsüberprüfung stattfindet und über das Design-Freeze zu entscheiden ist.
- Verification Review, zu dem die Nachweisführung abgeschlossen ist und die Freigabe zur (Serien-) Fertigung genehmigt wird.

Während der Reviews ist es gerade bei größeren Projekten kaum möglich, jede Anforderung einzeln auf ihre Erfüllung zu überprüfen. Dies soll eine solche Bewertung in der Regel aber auch nicht leisten. Schließlich sind solche Reviews meist auf zwei bis vier Stunden angesetzt und finden oft unter Beteiligung von 5–10 Führungskräften statt. Es geht primär darum, den allgemeinen Projektstatus und den Fortschritt der Entwicklungsergebnisse sowie wichtige Entscheidungen, mögliche Probleme oder Risikopotenziale und etwaige Gegensteuerungsmaßnahmen zu thematisieren. Insoweit besteht für die Review-Teilnehmer vor allem Handlungsbedarf, wenn die Ergebnisse nicht den Anforderungen gerecht werden und wenn Abweichungen in der Projektplanung (Stunden, Kosten, Zeitplan) entstanden oder zu erwarten sind. Aus den gewonnenen Erkenntnissen sind im Review Entscheidungen abzuleiten. So kann z. B. ein Re-Design erforderlich oder Anpassungen in der Projekt- bzw. Ressourcenplanung nötig werden. Die Abarbeitung der identifizierten Probleme und Risiken[9] ist so zu gestalten/zu dokumentieren, dass sich die entsprechenden Aktivitäten im Zuge des nächsten Reviews nachvollziehbar sind. Die Ergebnisse von Design Reviews müssen dokumentiert werden. In vielen Organisationen geschieht dies mittels Besprechungsprotokollen.

c. Entwicklungsverifizierung

Wenn ein Entwicklungsabschnitt oder die Summe aller Entwicklungstätigkeiten abgeschlossen wurde, muss die entwickelte Lösung einer Kontrolle unterzogen werden. Bei einer solchen Verifizierung wird geprüft, ob die Entwicklungsergebnisse den Vorgaben der Spezifikation sowie allen weiteren Eingaben entsprechen. Die Verifizierung ist also eine Prüfung gegen die Planungsanforderungen der Entwicklung (Haben die Entwickler die zuvor schriftlich definierten Entwicklungsziele erfüllt?). Die *Verantwortung* der

[9] Vgl. hierzu auch Abschn. 6.1.

Organisation zur Entwicklungsverifizierung ist dabei nicht delegierbar – schon gar nicht an den Kunden!

Im Vordergrund der Verifizierung steht eine fachlich-technische Nachweisprüfung im Hinblick auf die Erfüllung der Entwicklungsanforderungen, wie z. B.

- die Gestaltung und Ausführung,
- Reaktionsgeschwindigkeiten,
- Zuverlässigkeit,
- die Eigenschaften, wie Festigkeit, Brennbarkeit bzw. Belastbarkeit, Sicherheit, Zuverlässigkeit, Komfort,
- das Betriebsverhalten, d. h. die Leistungs- und Betriebseigenschaften und Betriebsgrenzen, aber z. B. auch
- der Geschmack oder
- der Kosten/Preis.

In diesem Zuge sollte eine Überprüfung der Entwicklungsprämissen (z. B. Lastannahmen, Hitze, elektromagnetische Verträglichkeit) erfolgen. Methodisch kann für die Verifizierung auf folgende Maßnahmen der Nachweisführungl zurückgegriffen werden:

- Unterlagenprüfungen,
- Kalkulationen, Berechnungen und Analysen,
- Simulationen sowie
- Inspektionen und/oder
- Tests.

Neben der technischen Verifizierung sollten auch formale Aspekte der Dokumentation überprüft werden, z. B. Vollständigkeit, Richtigkeit und Plausibilität sowie die Einhaltung betrieblicher und branchenüblicher Vorgaben und Standards.

Verifizierungen müssen geplant werden. Vielfach gibt die (Kunden-) Spezifikation hierzu bereits erste Vorgaben, indem dort die Nachweismethode festgelegt wird. Ist dies nicht der Fall, müssen spätestens im Zuge der eigentlichen Entwicklungstätigkeiten die Verifizierungsvorgaben, wie z. B. Testabläufe und Annahmekriterien, erstellt oder vervollständigt werden.

Bestandteil der Verifizierung ist auch eine Zweitkontrolle bei der ein weiterer Mitarbeiter die Ausarbeitungen überprüft. Dieser darf nicht unmittelbar in die den zu prüfenden (Teil) Bereich der Entwicklung eingebunden gewesen sein. Eine Zugehörigkeit zur gleichen Abteilung oder Gruppe ist jedoch zulässig. Dabei ist darauf zu achten, dass der für die Verifizierung zuständige Mitarbeiter für die Aufgabe qualifiziert ist.

Zu den Entwicklungsverifizierungen sind dokumentierte Informationen anzufertigen. Hierbei muss es sich Vorgabe- und um Nachweisdokumente handeln. Um die Verifizierungen zu erleichtern und zu vermeiden, dass Prüfkriterien vergessen werden, kann es beispielsweise sinnvoll sein, Checklisten zu verwenden. Überdies trägt die Verwendung von Formblättern bei der Aufzeichnung von Verifizierungsergebnissen zur Standardisierung und damit zur erhöhten Transparenz und Fehlerreduzierung bei.

Die Verifizierung kann separat oder in Verbindung mit der Validierung vorgenommen werden.

d. Entwicklungsvalidierung

Im Anschluss oder parallel zur Verifizierung erfolgt die Validierung. Während bei der Verifizierung gegen die Spezifikation geprüft wird, erfolgt bei der Validierung eine Prüfung gegen die ursprüngliche Zweckbestimmung des Auftraggebers (z. B. Kunden) sowie gegen behördliche oder gesetzliche Vorgaben.

Anhand der Entwicklungsergebnisse (z. B. Berechnungen, Analysen oder mit einem Musterbauteil der sog. Qualification Unit) erfolgt die Validierung entweder in der eigenen Organisation oder vor Ort im System des Kunden. Wie zuvor bei der Verifizierung ist auch für die Validierungsdurchführung auf die entsprechenden Entwicklungsvorgaben zurückzugreifen.

Oftmals erfolgt die Validierung ausschließlich durch den Kunden. Hierzu werden diesem die Entwicklungsergebnisse sowie ggf. eine Qualification Unit zusammen mit dem zugehörigen Testequipment überlassen. Die eigene Organisation leistet dann nur technische Unterstützung. Die Methoden der Validierung können denen der Verifizierung entsprechen. Überdies kann es sich um Pilotprojekte, Feldstudien, Tests an Prototypen und/ oder um Tests an systemintegrierten Bauteilen handeln. Die Validierungsmethodik ergibt sich i. d. R bereits direkt oder indirekt aus der Kundenspezifikation.

Alle Validierungsaktivitäten und -ergebnisse sind zu dokumentieren. Findet die Validierung durch den Kunden statt, ist es jedoch nicht ungewöhnlich, dass dieser der Organisation keine Dokumente und Aufzeichnungen zur Validierung überlässt, auch wenn diese die Validierung unterstützend begleitet hat. Im Rahmen von Zertifizierungsaudits stellt die fehlende Nachweisfähigkeit in diesem Fall jedoch normalerweise kein Problem dar.

Haben die Entwicklungsergebnisse die Validierung bestanden, ist der Entwicklungsprozess üblicherweise abgeschlossen. Es erfolgt ein Design Freeze. Dieses ist die Grundlage für eine Fertigungs- bzw. Dienstleistungs- und Kundenfreigabe, die dann aus Gründen der Nachvollziehbarkeit schriftlich zu erfolgen hat. Soweit vereinbart oder angemessen, ist der Kunde in die Entscheidung mit einzubeziehen.

Weder die Verifizierung noch die Validierung müssen notwendigerweise am Ende der Entwicklungsaktivitäten stehen. Meist macht dies zwar Sinn, aber es können auch Teilprüfungen am noch nicht vollständig entwickelten Produkt oder der Dienstleistung erforderlich werden. So sollten Zwischenprüfungen immer dann durchgeführt werden, wenn eine Fortführung der Entwicklungsaktivitäten mit falschen Daten unangemessen hohen Kosten zur Folge hat. Auch werden Teilverifizierungen notwendig, wenn Produktbestandteile durch Einbau nicht mehr zugänglich sind oder bei Beschaffenheitstests (z. B. Bruch- oder Brandtests) mit Werkstoffen, die verbaut werden sollen.

8.3.5 Entwicklungsergebnisse

Am Ende eines jeden Entwicklungsvorhabens müssen Ergebnisse in Form von fachlich-technischen Unterlagen sowie ggf. ergänzend Modelle oder Prototypen stehen. Dieser Output muss nicht nur eindeutig und nachvollziehbar sein, sondern auch in einer Form bereitgestellt werden, die einem Vergleich mit den ursprünglichen Entwicklungsanforderungen (Eingaben) standhält. Es muss am Ende also sichergestellt sein, dass die Entwicklungsergebnisse den Entwicklungsvorgaben gerecht werden.

Die Entwicklungsergebnisse müssen dabei einen Detaillierungsgrad aufweisen, mit dem es möglich ist, die entwickelte Leistung ohne Rückfragen in gleichbleibender Qualität herzustellen bzw. auszuführen. Die Ergebnisse können dabei Vorgaben für die Herstellung, Instandhaltung, aber auch Nutzung oder Umsetzung sein. Bisweilen empfehlen Auditoren bei Erstellung von Entwicklungsunterlagen auf betriebliche oder branchentypische Standards zurückzugreifen, z. B.:

- Vorgaben zum Format und Aufbau der Entwicklungsunterlagen,
- Referenz auf Standard Procedures statt eigener Vorgaben,
- Verwendung von Formblättern,
- Anwendung von Textbausteinen, Verwendung von simplyfied English.

Zu den Entwicklungsergebnissen sind selbstverständlich dokumentierte Informationen anzulegen. Für die große Mehrheit entwickelnder Organisationen ist dies eine Selbstverständlichkeit. Entwicklungsaktivitäten, die diesen Namen verdienen, ohne, dass dabei Dokumente erstellt werden, dürften auch ohne die Norm eine Ausnahme bilden. Einen wesentlichen Teil der Entwicklungsergebnisse umfassen in aller Regel Herstellungs- und Instandhaltungsvorgaben. Bei diesen Daten handelt es sich um alle Informationen, welche die Leistungserbringung, die Beschaffung und das Testing zum Produkt oder zur Dienstleistung beschreiben. Typische Dokumente die den Entwicklungsergebnissen zugeordnet werden, sind daher Design- und Nachweisdokumente sowie Instandhaltungsanweisungen. Bei diesen Dokumenten handelt es sich z. B. um:

- Spezifikationen, Zeichnungen, Kalkulationen, Muster, Fotos, Verträge, Software, Layouts, Entwürfe, Schematics, Schaltpläne sowie sonstige System- oder Bauteilbeschreibungen, die die Konfiguration und die Konstruktionsmerkmale des Produkts oder der Dienstleistung definieren,
- Hinweise zu Prozessen, Verfahren, Handlungsanweisungen, Fertigungstechniken sowie Instruktionen zu Installationen oder zur Produktbearbeitung, Vorgaben zur Beschaffung und Lagerung,
- Materialstücklisten und Angaben zur Beschaffenheit der einzusetzenden Werkstoffe,
- Prüfanweisungen einschließlich erforderlicher Testschritte sowie ggf. zulässiger Ergebnisse und Toleranzen einschließlich zugehöriger Prüfvorrichtungen.

Neben den Herstellungs- und Instandhaltungsunterlagen zählen auch Betriebsanweisungen zu den Entwicklungsergebnissen. Sie dienen dem Zweck, Nutzern Hinweise zum bestimmungsgemäßen Gebrauch, zu Sicherheitsvorkehrungen sowie zur Produktpflege bzw. -erhaltung zu geben. Typische Betriebsvorgaben sind z. B. Nutzer-Handbücher und Bedienungsanleitungen.

Je nach Produkt und Dienstleistungen sind angemessenem Umfang Aufzeichnungen über die Entwicklungsergebnisse zu führen. Meist handelt es sich dabei um Konformitätsnachweise in Form von Test- bzw. Prüfergebnissen, Assessments und/oder Berechnungen.

Entwicklungsergebnisse sind vor deren Freigabe von einer dazu berechtigen Person (z. B. Entwicklungsleiter, Abteilungsleiter oder Geschäftsführer), die Notwendigkeit ergibt sich aus dem ISO-Kapitel zur Erstellung und Aktualisierung dokumentierter Informationen (7.5.2 c).

8.3.6 Entwicklungsänderungen

Produkte und Dienstleistungen verändern sich im Laufe ihres Lebenszyklus aufgrund von allgemeinen Verbesserungen und Innovationen, Designanpassungen, Kundenwünschen oder Reparaturen. Die dazu notwendigen Entwicklungsänderungen müssen in strukturierter und nachvollziehbarer Weise ausgearbeitet werden. Hinsichtlich der grundlegenden Anforderungen an den Entwicklungsprozess unterscheiden sich Änderungsentwicklungen nur unwesentlich von Neuentwicklungen.

Unabhängig von Art und Umfang der Änderung gliedert sich der zugehörige Entwicklungsprozess im Normalfall in folgende Bestandteile:

- Initiierung und Beauftragung,
- Bewertung (insb. auch Prüfung der Auswirkungen und Risikoanalyse),
- Genehmigung bzw. Freigabe,
- Umsetzung, Überwachung und Dokumentation.

Im Rahmen der Initiierung und Beauftragung wird der Änderungsprozess gestartet. Dazu ist der Änderungsbedarf in einem ersten Schritt zu formulieren. Dies sollte in der Regel schriftlich, z. B. mittels eines Änderungsantrags geschehen. In diesem erklärt der Initiator die Änderung und die betroffenen Produkt- bzw. Leistungsbestandteile; zudem wird das Problem oder die Änderung begründet (Warum wird die Änderung notwendig)?

Im Zuge der Initiierung sollten die Vorteile, Risiken und technischen Auswirkungen genannt sowie eine erste Schätzung zum zeitlichen Aufwand und zu den Kosten aufgeführt sein.[10] Mit einem solide begründeten Änderungsantrag wird einerseits eine angemessene Entscheidungsgrundlage geschaffen und andererseits die spätere Nachvollziehbarkeit

[10] vgl. DIN ISO 10007 (2004), Abs. 5.4.3.

erleichtert. Über den Änderungsantrag wird je nach Art und Umfang der Änderung und der Organisationsstrukturen durch die Geschäftsführung oder den zuständigen Entwicklungs- bzw. Abteilungsleiter entschieden. In großen Organisationen nimmt die Aufgabe bei erheblichen Änderungen oftmals ein Änderungskomitee (Change Board) wahr, dem üblicherweise nicht nur Mitarbeiter der Entwicklung, sondern Vertreter aller (potenziell) beteiligten Fachbereiche angehören. In stark vernetzten Lieferkaskaden werden dabei auch Kunden und Lieferanten eingebunden.

Während bei kleinen Änderungen mit der Freigabe vielfach auch die Beurteilung erfolgt, bildet diese bei komplexeren Änderungen eine eigene Phase. Dazu werden die betroffenen Entwicklungsabteilungen sowie weitere Organisationsbereiche (z. B. Logistik, Beschaffung, Fertigung) zu einer ausführlichen Bewertung von Machbarkeit, Aufwand und Einfluss auf das Produkt oder die Dienstleistung aufgefordert. Darüber hinaus sollte eine Prüfung der Auswirkungen auf alte, bereits ausgelieferte Produkte erfolgen. Wenngleich eine solche Bewertung nicht explizit von der Norm gerfordert ist, so handelt es sich bei einer solchn Prüfung um einen wichtigen Bestandteil jeder soliden Entwicklungsänderungsplanung.

In der Bewertungsphase ist die geplante Änderung soweit auszureifen, dass nach dessen Freigabe mit der physischen Umsetzung begonnen werden könnte. Es sind also z. B. Berechnungen und Simulationen vorzunehmen, technische Auswirkungen zu beschreiben, Verifizierungen durchzuführen und die Einhaltung etwaiger gesetzlicher Vorschriften nachzuweisen. Falls erforderlich, sind ebenfalls Validierungen durchzuführen. Am Ende der Bewertung steht die Genehmigung und Freigabe der Änderung durch den betrieblichen Entscheidungsträger. Unter Umständen sind im Verlauf der Bewertungsphase zusätzlich Zwischenfreigaben einzuholen, um ein Aus-dem-Ruder-laufen des Änderungsprojekts zu vermeiden.

Geben die Verantwortlichen die Änderung final frei, beginnt die detaillierte Entwicklungsausgestaltung und deren Überwachung. Es werden dann die Umsetzungsvorgaben wie z. B. Konstruktionszeichnungen, Software-Programme, Stücklisten und Schaltpläne erstellt.

Die Dokumentationsanforderungen orientieren sich an der Art und dem Umfang der Entwicklungsänderungen. Die Mindestanforderungen sind in der Aufzählung a) bis d) des Normenkapitels 8.3.6 festgelegt. Demgemäß sind dokumentierte Informationen (d. h. Vorgaben oder Nachweise) mindestens zu den Änderungen selbst, den zugehörigen Bewertungen, den Genehmigungsbedingungen sowie zu Maßnahmen gegen unerwünschte Vorkommnisse anzufertigen.

Der Formalisierungsgrad sollte aus Gründen der Projektbeherrschung, Nachvollziehbarkeit sowie aus Risikoerwägungen umso höher sein, je komplexer, kritischer und kostenintensiver die Änderungen sind. Hier unterscheiden sich die Anforderungen an Änderungen nicht wesentlich von denen bei Neuentwicklungen.

8.4 Kontrolle von extern bereitgestellten Prozessen, Produkten und Dienstleistungen

Zur Leistungserbringung reicht es i. d. R nicht aus, dass Organisationen nur auf eigene Ressourcen zurückzugreifen. Durch die stetig zunehmende Spezialisierung gewinnen zugekaufte Dienstleistungen und ausgelagerte Prozesse seit Jahren mehr und mehr an Bedeutung. Die ISO 9001:2015 fordert im Kap. 8.4 nicht mehr wie bisher, allein eine Produktorientierung, sondern auch explizit die Berücksichtigung eingekaufter Prozesse und Dienstleistungen sowie die Lenkung von Arbeitsverlagerungen. Einhergehend wurden punktuell sprachliche Anpassungen notwendig, z. B. wurde der Begriff Beschaffung durch Bereitstellung ersetzt. Zudem wurde der Begriff der externen Anbieter eingeführt. Unter diesem werden fortan alle externen Zulieferer von Produkten und Dienstleistungen subsumiert, z. B. Lieferanten, Subunternehmer bzw. Dienstleister für ausgelagerte Prozesse, Fremdfirmen, verbundene Unternehmen, wie z. B. Tochter-, Schwester- oder Muttergesellschaften (außerhalb des eigenen Zertifizierungsumfangs).

Dabei fordert die Norm eine systematische Berücksichtigung (8.4.1), Kommunikation (8.4.3) und Kontrolle der Erfüllung (8.4.2) aller Anforderungen, die an externe Anbieter gestellt werden. Überdies formuliert auch die neue ISO-Norm Vorgaben an eine strukturierte Lieferantenauswahl. Insoweit sind auch zukünftig beschaffungsorientierte Prozesse notwendig (vgl. Abb. 8.5)

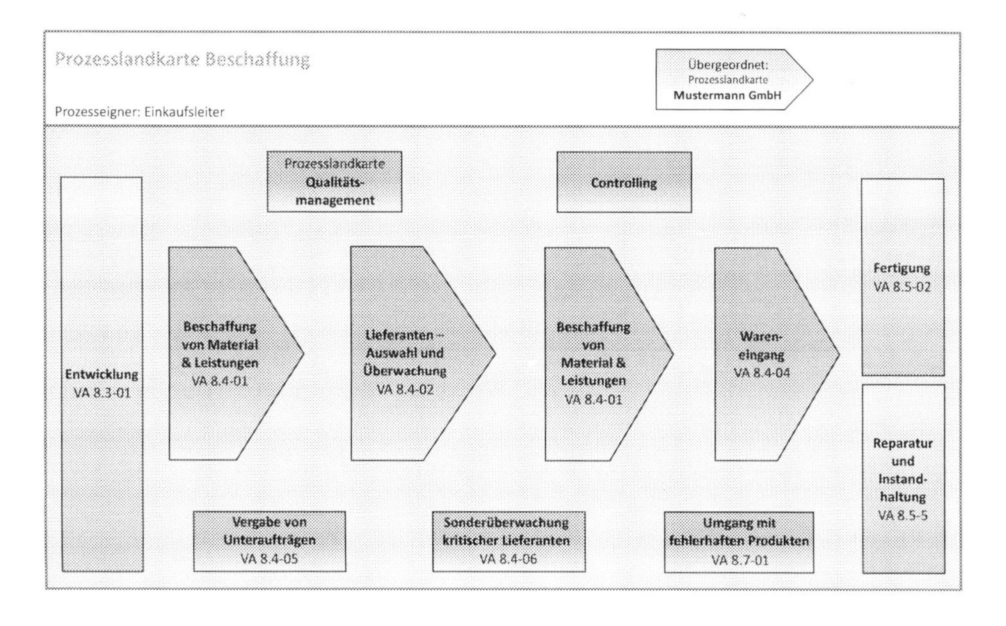

Abb. 8.5 Beispiel einer Prozesslandkarte Beschaffung. (Ähnlich Hinsch 2014, S. 98)

8.4.1 Allgemeines

Zu Beginn einer Beschaffung sind nicht nur das zu beschaffende Produkt oder die in Anspruch genommenen Dienst- bzw. Serviceleistungen festzulegen, es müssen ebenso Anforderungskriterien an den externen Anbieter formuliert werden. Die wichtigsten Beschaffungsanforderungen sind daher üblicherweise:

- Produktmerkmale und Service,
- Preis und Lieferbedingungen,
- Flexibilität und Lieferzeiten,
- die allgemeine Qualitätsfähigkeit des Lieferanten.

Im Zuge der Auswahl muss das Angebot und der externe Anbieter geprüft und während der folgenden Leistungserbringung überwacht werden.

Von einer systematischen Überwachung dürfen nur jene Leistungen bzw. deren Anbieter exkludiert bleiben, die keinen unmittelbaren Einfluss auf die eigenen Produkte und Leistungen nehmen (vgl. Kap. Aufzählungspunkt a) der Norm. Bei einem Industriebetrieb sind dies z. B. Büromaterial, ggf. Notebooks, Drucker und andere Kleingeräte, Catering, Präsente, Gärtnertätigkeiten, Gebäudereinigung. Überwachungspflichtig sind explizit auch jene Zulieferer, die outgesourcte Prozesse für den Betrieb übernommen haben.

Wichtig ist es, die Risiken bei der Auswahl von Lieferanten zu bestimmen (z. B. Erfahrung mit angefragten Leistungen, Single-Source, Lieferzeit). Hierzu müssen im Zertifizierungsaudit Nachweise zur Risikobewertung und zu etwaigen Maßnahmen vorliegen. Dabei sollen sich diese im Umfang am Risiko bzw. an der Kritikalität des Lieferanten bzw. der Lieferung orientieren.

In einem Zertifizierungsaudit muss damit gerechnet werden, dass Dokumentation und Aufzeichnungen (Verträge, Vereinbarungen, Protokolle) zu sämtlichen Planungs- und Vertragsaktivitäten beispielhaft an einer Leistungsbereitstellung durch den Auditor geprüft werden.

Bewertung, Auswahl und Überwachung externer Anbieter

Die Norm fordert ein systematisches Vorgehen zur Bewertung, Auswahl und Überwachung externer Anbieter. Dazu ist vor einer Auftragsvergabe in einem ersten Schritt die Qualifikation des vorgesehenen Anbieters festzustellen. Für eine Prüfung der allgemeinen Qualitätsfähigkeit erhält dieser im Normalfall vor einer ersten Beauftragung die Aufforderung zur Lieferantenselbstauskunft. Diese soll eine generelle Einschätzung zur Betriebsgröße, zu betrieblichen Schwerpunkten, hinsichtlich der Erfahrung und zum Reifegrad des QM-Systems (ISO-Zertifizierungen) ermöglichen. Es soll festgestellt werden, ob der externe Anbieter geeignet erscheint, die Leistung zu erbringen. Der Beurteilungsaufwand darf sich dabei an der geplanten Bedeutung des Lieferanten orientieren (vgl. 8.4.2 a und b). Hierfür können z. B. Cluster gebildet werden, die Umsatz, Kritikalität und Qualifikation abbilden. Dann jedoch ist periodisch zu prüfen, ob ursprünglich weniger wichtige Zulieferer an Bedeutung gewonnen haben und intensiver zu überwachen sind. In jedem Fall müssen umso mehr Informationen eingeholt werden, je wichtiger der Lieferant oder die zu beschaffende Leistung für die eigene Leistungserbringung ist. So können bei wichtigen oder kritischen Lieferanten z. B. Lieferantenauditierungen, Risikoanalysen und/oder Materialprüfungen notwendig werden.

Eine allgemeingültige Antwort hinsichtlich optimaler Lieferantenauswahl- oder Überwachungskriterien gibt es dabei nicht. Beim Auswahlprozess müssen sich die betrieblich Verantwortlichen stets bewusst sein, dass sie die Verantwortung für die Leistungserbringung an den eigenen Kunden nicht weiterreichen können. Organisationen dürfen sich also bei fehlerhaften Produkten oder Dienstleistungen nicht auf die Schlechtleistung ihrer externen Anbieter berufen. Dafür ist nämlich die sorgfältige Lieferantenauswahl gedacht.

Wichtig ist, dass ein Vorgehen mit objektiven Kriterien für Art und Umfang der Lieferantenbeurteilung und -freigabe existiert. Wenngleich nicht explizit durch die Norm vorgeschrieben, so ist daher ein dokumentierter Prozess, z. B. entsprechend Abb. 8.6, stark angeraten. Wie immer die Organisation sich entscheidet, so ist das Vorgehen stets nachvollziehbar zu gestalten und Risiken sollten (dokumentiert) Berücksichtigung finden. Wichtig ist, dass das Handeln der Beteiligten im Beschaffungsprozess rückverfolgbar bleibt. Es muss aus den Aufzeichnungen hervorgehen, dass Entscheidungen zur Auswahl, Überwachung und Bewertung von externen Anbietern auf Basis eines strukturierten Vorgehens mit nachvollziehbaren Bewertungskriterien erfolgt. Sofern bei der Auswahl Abweichungen vom objektiv erwarteten Entscheidungsverhalten auftreten (z. B. wenn ein Lieferant trotz schlechter Erfahrungen und Alternativlieferanten ausgewählt wird), sollte eine erklärende Aktennotiz angelegt werden.

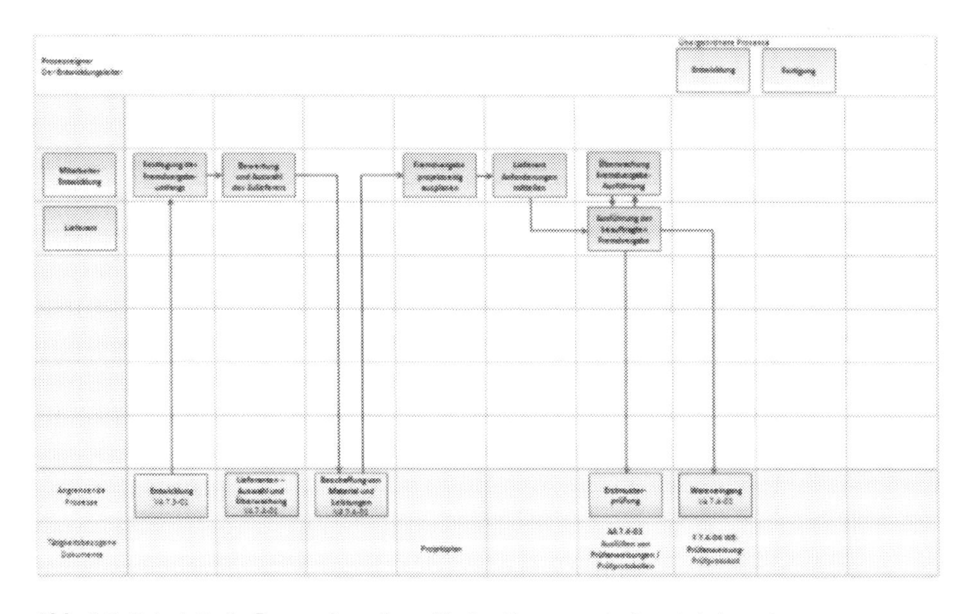

Abb. 8.6 Beispielhafte Prozessdarstellung für den Umgang mit einer Arbeitsverlagerung.

Ist die Qualitätsfähigkeit des Lieferanten geprüft und gegeben, darf dieser freigegeben werden. Nicht zulassungsfähige Lieferanten sind zu sperren. Der dazu notwendige Prüf- und Genehmigungsprozess muss definiert sein (Wer darf nach welchen Prüfaktivitäten Lieferanten freigeben?).

Externe Anbieter müssen nicht nur am Beginn der Geschäftsbeziehung geprüft, sondern fortwährend überwacht und periodisch im Hinblick auf ihre Qualitätsfähigkeit neu beurteilt werden. Dies kann z. B. geschehen mittels eigener Lieferantenaudits, Analyse von Wareneingangsprüfungen und laufender Auftragsbewertungen (Liefertermintreue und Produktkonformität) ISO-Zertifikaten oder durch Gespräche mit Entwicklung, Einkauf, Wareneingang oder Qualitätsmanagement in der eigenen Organisation. Auf Basis dieser Überwachung ist alle zwei bis drei Jahre zu prüfen, ob der externe Anbieter noch immer den erwarteten Anforderungen gerecht wird. Ist dies der Fall, steht einer weiteren Freigabe für weitere ein bis zwei Jahre nichts im Wege.

8.4.2 Art und Umfang der Kontrolle

Die Organisation muss als Auftraggeber sicherstellen, dass die beauftragte Leistung eine Qualität aufweist, die es ihr erlaubt, volle Verantwortung für das Produkt oder die Dienstleistungen zu übernehmen.[11] Die Organisation darf sich also nicht allein auf Qualitätszusagen des Lieferanten berufen. Insoweit sind die zugelieferten Produkte und Dienstleistungen sowie ggf. auch die zugehörigen Wertschöpfungsprozesse des externen Anbieters zu überwachen. Art und Umfang werden dazu durch die individuellen Bedingungen und Fähigkeiten des externen Anbieters einerseits sowie die von diesem zugelieferten Produkte und Dienstleistungen andererseits bestimmt. Notwendige Kontrollen können dabei von stichprobenweisen Abnahmen/Endkontrollen (z. B. Reinigungsgewerbe, Massenware) bis zur laufenden Begleitung der Leistungserbringung (z. B. Schiffbau, Baugewerbe, komplexe Ingenieurdienstleistungen) und detaillierten Abnahmeprüfungen reichen. Im Allgemeinen beeinflussen folgende Aspekte den Überwachungsumfang bei Zulieferern während bzw. am Ende einer Leistungserbringung:

a. die Art der Produkte oder des auszuführenden Leistungspakets. Der Überwachungsumfang hängt davon ab, ob die Leistungserbringung durch einen stabilen, simplen, ggf. sich wiederholenden Wertschöpfungsprozess (z. B. Serienbearbeitung) gekennzeichnet ist oder ob es sich um ein komplexes, mäßig transparentes Arbeitspaket (z. B. im Rahmen einer Einzelfertigung, Null- oder Kleinserienbearbeitung) handelt. Je einfacher die Leistungserbringung zu überwachen und je leichter der Prozess zu erlernen ist, umso eher kann das Überwachungsniveau niedrig gehalten werden. Des Weiteren spielt die Bedeutung der zugelieferten Leistung für das eigene Produkt oder

[11] Dies gilt im Übrigen auch aus Gründen der Produkthaftung.

die eigene Wertschöpfung eine Rolle bei der Kontrollintensität. So unterliegen z. B. eingekaufte Betriebsmittel oder fremdvergebene Hausmeistertätigkeiten i. d. R einer weniger intensiven Prüfung als die Überwachung von zugekauften Produkt- oder Leistungsbestandteilen.

b. die Erfahrungen der Organisation mit dem externen Anbieter. Eine Reduzierung des Überwachungsaufwands ist zulässig, wenn nachweislich erkennbar ist, dass der Anbieter ein wirksames Qualitätssystem mit entsprechenden Überwachungs- und Prüfmaßnahmen etabliert hat. Hierbei spielen i. d. R auch dessen Erfahrungen mit vergleichbaren Arbeiten bzw. die Erfahrung mit den zur Anwendung kommenden Technologien und Verfahren eine Rolle.

Durchführung von Verifizierungen externen Bereitstellungen

Bei der Abnahme findet grundsätzlich eine Prüfung der Leistung gegen die vereinbarten Anforderungen statt. Hier unterscheiden sich fremdvergebene Dienstleistungen nicht von zugekauften Produkten.

Die häufigste Verifizierungstätigkeit an Produkten ist die einfache Wareneingangsprüfung, bei der mindestens eine Sichtkontrolle an der Verpackung und am Produkt (z. B. Oberflächenschäden, Deformationen, Korrosion o. ä.) sowie eine Vollständigkeitsprüfung vorgenommen wird. Für Dienstleistungen kann oft eine vergleichbare einfache Abnahme durchgeführt werden. Ob Produkt oder Dienstleistung – in beiden Fällen erfolgt ein Abgleich zwischen Bestellung, Lieferschein und der erbrachten Leistung.

Bei Standard- und Normteilen, bei Roh- und Verbrauchsmaterial, aber auch bei bestimmten Dienstleistungen ist es gerade bei großen Stückzahlen üblich, die Menge oder die Material- bzw. Leistungsqualität nur stichprobenartig zu prüfen. Es ist auf statistisch anerkannte Verfahren zurückzugreifen.

Handelt es sich um einen unzuverlässigen oder problematischen Lieferanten oder kritische Leistungen, kommen i. d. R zusätzlich zur regulären Wareneingangskontrolle, ergänzende Prüfmaßnahmen oder eine erhöhte Prüfschärfe zur Anwendung. Unter Umständen sind auch erweiterte Dokumentationsanforderungen zu erbringen. Bei (kritischen) Rohmaterialien können neben der einfachen Prüfung, daher auch detaillierte Produkt- bzw. Materialprüfungen (z. B. NDT, Lebensmittelanalysen) und erweiterte Archivierungsanforderungen notwendig werden.

Bei höherwertigen Teilen oder komplexen Dienstleistungen reicht eine einfache Wareneingangsprüfung in der Regel nicht aus. Hier muss die Leistungsprüfung gegen die Spezifikation bzw. die Bestellanforderungen, eventuell mit Hilfe von Fotos, Datenabfragen und Prüfanweisungen erfolgen. Es werden dann Produktleistungseigenschaften geprüft (z. B. Maße, Funktionen, Hygiene-Vorgaben, Erfüllungsgrade, Haltbarkeiten). Zu diesen müssen dann Prüfvorgaben existieren, die Hinweise darauf geben, was genau zu prüfen ist (z. B. mittels Prüfanweisung oder Prüfplan) und ob bzw. welche Toleranzen zulässig sind. Unter Umständen muss die Verifizierung dem Umfang einer First-Article-Inspection entsprechen. Bei Dienstleistungen ist es unter Umständen möglich, dass Verifizierungen zugekaufter

Leistungen automatisch mittels laufender IT-gestützter Kontrollen vorgenommen werden (z. B. Reaktionszeiten bei Call-Centern). Die exakte Lieferung dessen, was bestellt wurde, setzt natürlich vorher eine präzise Bestimmung und Vereinbarung der erwarteten Liefererergebnisse mit dem externen Lieferanten voraus (Kap. 8.4.2 b, zweiter Halbsatz).

Nur wenn das gelieferte Produkt oder die Dienstleistung der Bestellanforderung entspricht, d. h. keine Mängel oder Unstimmigkeiten aufweist, darf diese in den eigenen Wertschöpfungsfluss übernommen werden. Freigegebene Waren oder Dienstleistungen werden üblicherweise in die IT eingepflegt, Produkte zudem mit einer internen Artikelnummer gekennzeichnet. Damit ist die Kontrolle extern bezogener Leistungen abgeschlossen.

Ist die angelieferte Ware nicht einwandfrei, so muss diese als solche erkennbar sein und bis zur Klärung im Sperrbereich aufbewahrt werden, um das Risiko einer unbeabsichtigten Zuführung in den betrieblichen Materialfluss auszuschließen. Bei offensichtlichen Transportschäden sollte die Lieferung nur unter Vorbehalt angenommen und dies auf dem Lieferschein vermerkt werden. Bis zur Warenübernahme gilt die Ware stets als gesperrt.

Kauft die Organisation ganze Prozessleistungen extern ein, so überträgt sie damit nicht die Verantwortung gegenüber den eigenen Kunden zu angemessener Leistungserbringung. Aus diesem Grund sind Überwachungs- und Prüfaktivitäten in einem Umfang einzurichten, mit dem sichergestellt wird, dass fremdvergebene Prozesse und Funktionen anforderungsgerecht erbracht werden (siehe auch 8.4.3 e und f).

Über die Verifizierungstätigkeiten an beschafften Produkten oder Leistungen, gleich welcher Art, sind aus Gründen der Nachvollziehbarkeit und für die Bewertung externer Anbieter Aufzeichnungen zu führen (vgl. auch Kap. 8.4.1).

8.4.3 Informationen für externe Anbieter

Wichtigstes Kriterium bei zugekauften Produkten und Dienstleistungen ist deren Übereinstimmung mit den Beschaffungsanforderungen. Besonderes Augenmerk gilt insofern den Beschaffungsangaben in der Bestellung (Beauftragung, Spezifikation, Vertrag u. ä.), da mit diesen das zu beschaffende Produkt gegenüber dem Lieferanten eindeutig definiert wird. Aus diesem Grund müssen die Beschaffungsangaben Schlüsselmerkmale und technische Details der Ware bzw. der zu erbringenden Leistung enthalten. Typischerweise erfolgt dies mittels Katalogbeschreibung und Bestellnummer des Lieferanten. Bei nicht standardisierten Produkten und Dienstleistungen wird auf Spezifikationen zurückgegriffen. Die Produkt- bzw. Leistungsbeschreibung muss dabei möglichst präzise sein und formal der Bestellung beigefügt sein, weil diese wesentlicher Vertragsbestandteil zwischen der Organisation und dem Lieferanten ist. Ungenauigkeiten bei den Beschaffungsangaben können im Rahmen der Vertragserfüllung Missverständnisse auslösen und so zu Mehrkosten, Nacharbeit, Qualitätseinbußen und Lieferverzögerungen führen. Insoweit sollte gerade bei komplexeren Bestellanforderungen durch den Einkauf bzw. den betrieblichen Anforderer geprüft werden, ob genügend Bestellinformationen vorliegen oder ob weitere Vorgaben, z. B. entsprechend Normenkapitel 8.4.3 a)–f), in die Bestellung aufgenommen bzw. d. h. vertraglich vereinbart werden müssen.

Im Vordergrund steht zunächst die Beschreibung der zu erbringenden Leistung oder des Produkts (8.4.3 a) sowie zugehörige Mess- und Prüftätigkeiten. Darüber hinaus ist aber z. B. auch in der Bestellung zu dokumentieren, welche besonderen Anforderungen an die Herstellungsprozesse (z. B. bei speziellen Prozessen) sowie Versand-, Lagerungs- und Transportbedingungen erwartet werden.

Bei einer Fremdvergabe von Tätigkeiten oder Prozessen, aber auch beim Einkauf von Produkten kann zudem die Eignung des vom Lieferanten eingesetzten Personals (c) eine Rolle spielen. Dann sind etwaige Vorgaben an notwendige Qualifikationsnachweise (z. B. Zertifikat, Lehrgangsbescheinigungen oder Berufserfahrung) des durchführenden Personals schriftlich an den Auftragnehmer mitzuteilen.

Eine wichtige Rolle beim Fremdbezug von Produkten und Dienstleistungen spielen oftmals die betrieblichen Anforderungen an das QM-System des Zulieferers. Hierbei kann es sich z. B. um Vorgaben in Hinblick auf den Umgang mit fehlerhaften Teilen oder vierungsanforderungen handeln. Weitere typische Bestellanforderungen, die sich Aufzählungspunkt Kap. 8.4.3 d) zuordnen lassen, können die Verpflichtungen des Lieferanten sein:

- bei eigenen Untervergaben (Lieferkaskade) eine Genehmigung durch den Auftraggeber einzuholen und an den Unterlieferanten die gleichen Qualitätsanforderungen zu stellen, die auch der Organisation selbst durch den Kunden vorgegeben wurden,
- über Änderungen an Bezugsquellen zu informieren,
- Änderungen am zugelieferten Produkt oder an der Leistung z. B. in Hinblick auf Eigenschaften, Merkmale oder Bestandteile mitzuteilen,
- ein nach der ISO 9001er Normenreihe zertifiziertes QM-System zu unterhalten.

Diese Aspekte werden in vielen Organisationen durch Textbausteine in ihren Standardverträgen, Qualitätssicherungsvereinbarungen oder über Passagen in den AEB bzw. AGB festgelegt.

Gemäß Normenanforderung 8.4.3 e) muss die Organisation zudem festlegen und gegenüber dem externen Anbieter kommunizieren, wie dieser zu steuern und zu überwachen ist.

Entsprechend Kap. 8.4.3 f) müssen Verifizierungstätigkeiten, die die Organisation oder dessen Kunde vor Ort beim Lieferanten durchführen, festgelegt sein und kommuniziert werden. In diesem Zuge sind ggf. Zugangsrechte zu klären.

Mögliche Informationen für externe Anbieter

- Was soll der Auftragnehmer leisten (Spezifikation des zu erbringenden Leistungspakets)?
- Wie ist der Zeitplan ausgestaltet (z. B. für Lieferung, Milestones, Beistellmaterial)?
- Wie findet Kommunikation zwischen Betrieb und Auftragnehmer statt (z. B. Ansprechpartner, Berichtswesen, Meldung erwarteter Terminüberschreitungen, Verschnitt, fehlerhafter Produkte)?
- Welche Dokumente werden dem Auftragnehmer beigestellt (z. B. Spezifikation, Zeichnungen, Schaltpläne, Muster, Informationen hinsichtlich einzuhaltender Standards, Vorlagen)?

- Gibt es Tätigkeiten im Rahmen der Fremddurchführung, die besondere Qualifikationsnachweise erfordern?
- Welche Dokumentation hat der Auftragnehmer zu erbringen?
- Welche Kontrollanforderungen und Nachweise sind durch den Auftragnehmer und welche Verifizierungen/Validierungen sind selbst zu erbringen?
- Wie ist die Überwachung des Auftragnehmers auszugestalten und welche Milestones oder Zwischenprüfungen sind notwendig? Dies gilt in besonderem Maße für spezielle Prozesse (bei denen die Qualität des Outputs nicht unmittelbar zu erkennen ist, z. B. Galvanik, Schweißen)?
- Welche Einbringungen oder Unterstützungsleistungen werden durch die Organisation erbracht (Beistellmaterial, Geräte und Betriebsmittel, Transport etc.)?

Im Rahmen des Zertifizierungsaudits muss damit gerechnet werden, dass der Auditor seinen Blickwinkel auf die hinreichende Beschreibung der Leistung in Angeboten und Verträgen richtet. Das Augenmerk kann dabei z. B. auch auf einem Abgleich der gegenüber dem Lieferanten angewiesenen und der von diesem bestätigten bzw. tatsächlich verwendeten Revisionsstände in fachlich-technischen Dokumenten liegen.

8.5 Produktion und Dienstleistungserbringung

8.5.1 Steuerung der Produktion und Dienstleistungserbringung

In Kap. 8.5.1 werden zusammenfassend die wesentlichen Anforderungen an eine systematisch organisierte Produktion und Dienstleistungserbringung formuliert. Im Vordergrund steht die Schaffung beherrschter Bedingungen. Die Leistungserbringung muss also geplant und strukturiert durchgeführt, kontrolliert sowie angemessen dokumentiert werden. Dies setzt voraus, dass

- alle notwendigen Prozesse und Tätigkeiten definiert sind,
- Vorgaben und Anweisungen in hinreichendem Umfang zur Verfügung stehen,
- eine Überwachung der Leistungserbringung sowie eine Prüfung der Produkte und Dienstleistungen stattfindet,
- das erforderliche Equipment verfügbar ist und genutzt wird,
- das Personal für die Durchführung der zugewiesenen Arbeiten ausreichend qualifiziert ist,
- eine regelmäßige Validierung etwaiger spezieller Prozesse sichergestellt wird.

In Kap. 8.5.1 sind eine Reihe Anforderungen definiert, die teilweise im weiteren Verlauf von Kap. 8.5 spezifiziert und damit an dieser Stelle vernachlässigt werden können. Im Folgenden werden die Aufzählungspunkte des Kap. 8.5.1 erläutert:

a. Produkt bzw. Dienstleistung müssen eindeutig beschrieben sein, damit dem Personal unmissverständlich klar ist, was, womit, wie zu leisten ist und welche Eigenschaften und Merkmale die Leistung am Ende der Bearbeitung aufweisen soll. Hierzu ist ggf. auf fachlich-technische Dokumente wie Stück- oder Zutatenlisten, Zeichnungen, Fotos, Anweisungen, Standards, etc. zurückzugreifen. Für die Produktherstellung bzw. -bearbeitung müssen unter Umständen jenseits der unmittelbar leistungsbeschreibenden Dokumentation weitere Durchführungsvorgaben existieren. Schließlich sind alle Arbeiten strukturiert, verständlich und in der richtigen Weise vorzunehmen. Nur so lassen sich die Tätigkeiten auf der operativen Ebene systematisch, wiederholt in gleicher Qualität und ggf. rückverfolgbar durchführen. Hierzu vereinfachen Arbeitsanweisungen, Richtlinien, Anleitungen und Leitfäden, Muster, Schablonen oder Fotos einzelne Arbeitsschritte. Arbeitskarten, Fertigungsaufträge, Projektakten, Formulare und Checklisten o. ä. helfen bei der Strukturierung der Arbeitsabfolge und der Bewertung bzw. Freigabe der Leistung. Allen genannten Dokumenten ist gemeinsam, dass sie dem Personal Sicherheit geben und damit die korrekte und vollständige Arbeitsausführung unterstützen. Wichtig ist, dass alle Anweisungen vor Ort beim durchführenden Mitarbeiter verfügbar sind.

   Neben den Vorgabedokumenten sind Nachweise über Produkt- bzw. Leistungsergebnisse bzw. durchgeführte Tätigkeiten (z. B. Messergebnisse, Gesprächsaufzeichnungen, Berechnungen, Stundenaufschreibungen, etc.) zu führen.
b. Im Zuge der Leistungserbringung müssen an den Prozesse sowie an Produkten und Dienstleistungen Überwachungen und Prüfungen vorgenommen werden. Hierfür sind die notwendigen Prüf- und Überwachungsressourcen (Mess-, Kalibrier- und Überwachungsmittel sowie Personal) vorzuhalten. Es ist zudem sicherzustellen, dass die Organisation diese Ressourcen steuert und richtig anwendet. Es geht hier also nicht um die generelle Bereitstellung (vgl. dazu Kap. 7.1.5), sondern vor allem um den korrekten Einsatz sowie ggf. eine notwendige Auftragszuordnung und -steuerung.
c. Der Einsatz von Prüf- und Überwachungsressourcen ist in Art, Umfang und Zeitpunkt innerhalb der Wertschöpfung festzulegen. Details regeln die Normenkapitel 8.6 (Freigabe von Produkten und Dienstleistungen), 7.1.5 (Ressourcen zur Überwachung und Messung) sowie 9.1.1 (Überwachung, Messung, Analyse und Bewertung – Allgemeines)
d. Es ist sicherzustellen, dass die Organisation die vorhandene Infrastruktur und Umgebung angemessen nutzt und steuert. Dabei geht es nicht um die generelle Bereitstellung (vgl. dazu Kap. 7.1.3 und 7.1.4), sondern vor allem um deren korrekten Einsatz sowie ggf. eine notwendige Auftragszuordnung und -steuerung.
e. Das Personal muss befugt und befähigt sein, die ihnen zugewiesene Arbeit anforderungsgerecht und in angemessener Zeit auszuführen. Detaillierte Vorgaben hinsichtlich der Personalkompetenz und Befugnis macht die Norm in Kap. 7.2 bzw. in Kap. 5.3, so dass an dieser Stelle auf eine Auseinandersetzung verzichtet werden kann.
f. Spezielle Prozesse müssen angemessen überwacht und validiert werden. Hinweise gibt die Infobox am Ende dieses Buchkapitels.

g. Es sind Maßnahmen zur Verbeugung von menschlichen Fehlern zu ergreifen. Damit wird das wichtige Feld der Human Factors im Normentextabgedeckt. Da in allen Organisationen Menschen arbeiten, lässt sich dieser Unterpunkt nur schwerlich als „nicht zutreffend" übergehen.
h. Anforderungen an die Freigabe von Produkten und Dienstleistungen sowie die Betreuung nach der Auslieferung werden im Kap. 8.6 und 8.5.5 detailliert formuliert. Damit können beide Normenvorgaben hier vernachlässigt werden.

Nicht alle Anforderungen können (gleichermaßen) in jeder Organisation umgesetzt werden. So darf ein Unternehmen, dessen Ingenieure Entwicklungsleistungen am Computer verifizieren oder ein Betrieb, der im Lagerwesen tätig ist, auf die Anforderungen f) hinsichtlich spezieller Prozesse verzichten, weil diese hier nicht anwendbar sind. Insofern muss jede Organisation für sich prüfen und festlegen, welche Anforderungen des Normenkapitels 8.5.1 für sie gelten und welche keine Anwendung finden.

Validierung spezieller Prozesse

Bei speziellen Prozessen handelt es sich um solche Arbeitsschritte der Leistungserbringung, deren Ergebnisse nicht direkt geprüft werden können, ohne das Produkt selbst zu zerstören oder einen wirtschaftlich kaum vertretbaren Einzelprüfaufwand zu betreiben. Ohne besondere Prüfmaßnahmen würden Fehler daher erst erkennbar, nachdem das Produkt ausgeliefert und in Gebrauch genommen wurde. Typische Beispiele für spezielle Prozesse sind Schweißverfahren, Wärmebehandlungen, Galvanisierungen, Lackierungen, Klebungen, Versiegelungen, Beschichtungen, Backen und Pressen.

Da also Produktverifizierungen bei speziellen Prozessen nicht unmittelbar möglich sind, wird alternativ auf die Validierung der zugehörigen Prozesse (i. d. R Herstellungsverfahren) zurückgegriffen. Die Produktprüfung wird somit indirekt über die Bewertung von Prozess-/Verfahrensparametern sichergestellt. Bei solchen Einflussgrößen kann es sich z. B. um Verarbeitungstemperaturen, Feuchtigkeit, Verfahrensweisen, Spannungen, Mischungsverhältnisse oder Viskositäten handeln. Zugehörige Validierungskriterien für die Prozessqualität erfolgen dann stichprobenartig z. B. mittels Zug- oder Materialproben, Härte- oder Biegeprüfungen oder Farbbewertungen. Dafür müssen zuvor Annahmekriterien bzw. Toleranzbereiche definiert worden sein.

Die Organisation muss also einerseits Methoden (Tests, Proben, Prüfungen) festlegen, wie die Validierung vorzunehmen ist und andererseits Verfahrensparameter (Spannungen, Temperaturen etc.) bestimmen, wie nach der Validierung, also im laufenden Betrieb, die Bearbeitungskonformität nachgewiesen wird. Erst wenn sich die Prüfergebnisse der Prozessvalidierung im festgelegten Toleranzbereich befinden, darf eine Fertigungsfreigabe erfolgen. Im Übrigen ist zu prüfen, ob ergänzende Vorgaben im Hinblick auf die Personalqualifikation oder die Betriebsmittel notwendig sind, damit eine sachgerechte Durchführung sichergestellt werden kann (z. B. Schweißerbrief oder Öfen mit bestimmten Abkühleigenschaften).

Einmalige Validierungen reichen nicht aus, da sich im Zeitablauf die Produktionsbedingungen oder Produktzusammensetzungen ändern können. Aus diesem Grund muss die Organisation festlegen, nach welchem Zeitraum oder welchen Ereignissen eine erneute Validierung erforderlich ist. Für die Validierung muss eine angemessene Nachweisführung festgelegt werden, wie und welche Parameter aufzuzeichnen sind, um die Konformität der speziellen Prozesse sowie der bearbeiteten Produkte nachzuweisen.

8.5.2 Kennzeichnung und Rückverfolgbarkeit

Kennzeichnung

Organisationen müssen in der Lage sein, während des Wertschöpfungsprozesses jederzeit eine sichere Identifikation ihrer Produkte und Dienstleistungen einschließlich des aktuellen Bearbeitungszustands bzw. Fertigstellungsgrads zu gewährleisten. Dies ist die Aussage des ersten Absatzes von Kap. 8.5.2. Die dort genannte Option („soweit angemessen") ist dabei verwirrend, weil nicht anwendbar. Zertifizierte Organisationen sind immer verpflichtet, die Konformität ihrer Produkte und Dienstleistungen sicherzustellen!

Um den Zustand bzw. Status der Leistungserbringung identifizieren zu können, sind Produkte und Dienstleistungen während der Leistungserbringung zu kennzeichnen. Bei Dienstleistungen ist diese selbst bzw. deren Abarbeitungsstatus über zugehörige mente oder eine gesonderte Begleitdokumentation nachzuweisen. Bei Produkten erfolgt deren Kennzeichnung während der Bearbeitung und Lagerung üblicherweise mittels eines Begleitscheins, z. B. in Form eines Auftrags oder einer bereits vom Lieferanten angebrachten Kennzeichnung. Diese Begleitdokumentation verbleibt dann über den Zeitraum der Leistungserbringung oder Lagerung am Produkt. Erst bei Verbrauch oder mit dem Einbau in ein anderes Bauteil (Next higher Assy) wird der Begleitschein entfernt und bei Bedarf der Archivierung zugeführt und bei Versand ggf. durch ein Zertifikat oder eine Abnahmebestätigung ersetzt.

Rückverfolgung

Aufgrund steigender Arbeitsteiligkeit bei zugleich zunehmender Internationalisierung sehen sich Organisationen gezwungen, immer mehr Teile ihres Produkt- und Leistungsspektrums von extern zu beziehen. Für diese Zukäufe müssen sie gegenüber ihren eigenen Kunden qualitätsseitige und haftungsrechtliche Verantwortung übernehmen. Dies ist jedoch nur dann möglich, wenn Organisationen nachvollziehen und nachweisen können, wann sie welche Produkte von wem gekauft oder wessen Dienstleistungen sie in Anspruch genommen und wie sie diese während der eigenen Wertschöpfung weiterverarbeitet haben. Immer mehr Organisationen fordern daher Rückverfolgbarkeit (engl.: Tracebility) bei der Leistungserbringung ihrer Lieferanten. Ob also Rückverfolgbarkeit notwendig ist bestimmt entweder der Kunde oder der Gesetzgeber, Behörden oder andere interessierte Parteien (z. B. Verbände oder Vereinigungen) spielt es zunachst keine Rolle, ob es sich um ein in Masse produziertes Spielzeugauto, ein Kreuzfahrtschiff oder Dienstleistungen wie

Arztbehandlungen oder Gebäudereinigungen handelt. Dennoch gibt es bei der Rückverfolgbarkeit physischer Produkte einige Besonderheiten.

Rückverfolgbarkeit von Produkten

Für die Logistik bedeutet die Rückverfolgbarkeit, dass Produkte und in ihnen eingesetzte Teile, Materialien und Stoffe von der Herstellungs- beziehungsweise Ursprungquelle bis zur Verwendung oder dem Einbau, zur Verschrottung oder zum Eigentumsübergang rückverfolgbar sein müssen. Hierbei wird die betriebliche Materialsteuerung mit hohen Anforderungen konfrontiert, weil alle Produktbewegungen und Bearbeitungsvorgänge zu dokumentieren sind. Dabei sind nicht nur Warenein- und -abgänge oder Lagerungen zu speichern, sondern auch (Chargen-) Trennungs-, Verpackungs- und Konservierungsvorgänge. Selbiges gilt auch bei Leistungserbringungen durch Unterlieferanten. In der täglichen Praxis stellt es einige Organisationen regelmäßig vor echte Herausforderungen, weil es z. B. auch bedeutet, dass:[12]

- eine Rückverfolgbarkeit bis auf Serialnummer bzw. Badge- sowie Chargen- oder Losnummer zu ermöglichen ist – auch dann, wenn das Teil oder Material Bestandteil eines Bauteils oder Sub-Assies wird.
- eine Nachvollziehbarkeit des gesamten Produktwerdegangs sicherzustellen ist (z. B. auch Konservierungsvorgänge durch Zulieferer) und Unterschiede zwischen dem Soll- und dem Ist-Zustand des Produkts aufzuzeigen sind.
- alle Produkte, die aus einem Rohstoff- oder Fertigungslos hergestellt wurden, von der Einkaufsquelle bis zur Auslieferung oder Verschrottung zurückverfolgbar sein müssen.[13]

Es müssen also zu jedem Zeitpunkt Informationen zum Produktstatus und zu dessen gesamter bisheriger Historie vorgelegt werden können. Eine solche Rückverfolgung setzt einen überwachten und nachvollziehbaren Dokumentenfluss voraus und erfordert einen formalen Prozess zur Lenkung der Produktdokumentation. Nur so kann langfristig gewährleistet werden, dass sich Verantwortlichkeiten, Fehlerquellen und Änderungen eindeutig identifizieren und zuordnen lassen.

Die Tiefe der Rückverfolgbarkeit orientiert sich dabei an den eigenen betrieblichen Vorgaben oder an den Kundenanforderungen.

Es ist zu berücksichtigen, dass mit zunehmendem Detaillierungsgrad der Rückverfolgbarkeit zwar der Aufwand steigt – im Gegenzug kann aber bei Produktfehlern die betroffene Menge präziser bestimmt werden und so Rückrufaktionen oder Modifikationsmaßnahmen kleiner ausfallen.

[12] vgl. Hinsch (2017), S. 260.

[13] Dies bedeutet z. B.: Wurden 50 m Hydraulikleitungen beschafft, die die Organisation für drei verschiedene Anlagen verarbeitet hat, so muss jederzeit bekannt sein, in welchen Anlagen und an welchen Stellen der Einbau erfolgte.

8.5.3 Eigentum der Kunden oder der externen Anbieter

Materielles oder immaterielles Eigentum von Kunden, Zulieferern und Partnern ist in den meisten Organisationen zu finden und damit Bestandteil der täglichen Praxis. Materielles Fremdeigentum spielt vor allem im Hinblick auf Kundenbeistellmaterial sowie bei Reparaturrückläufern, Produktmodifikationen und Vor-Ort-Service-Einsätzen eine Rolle. Bei geistigem Kundeneigentum handelt es sich vielfach um elektronische und papierbezogene Entwicklungsdokumentation (Zeichnungen, Analysen, Stücklisten etc.) oder um Herstellungsanweisungen. Der Umgang mit fremden geistigen Eigentum spielt bei ISO-zertifizierten Organisationen auch immer dort eine Rolle, wo die eigene Leistung tief in die Wertschöpfung des Kunden integriert ist, z. B. beim IT-Hosting. Da dieses Normenkapitel auch für Lieferanteneigentum anzuwenden ist, gilt dies vor allem für Konsignationsläger. Fremde, personenbezogene Daten können beim Einsatz von Leihpersonal bedeutsam sein.

Für den Umgang mit fremdem Eigentum muss jede Organisation Regeln definieren. Zu den Basisanforderungen zählt in jedem Fall, dass mit diesem pfleglich umzugehen ist. Auch die Zustands- und Vollständigkeitsprüfung bei Besitzübernahme gehört zum Standard-Vorgehen. Im Anschluss an die Übernahme muss ein angemessener Schutz vor dem Zugriff Unbefugter sowie vor Umgebungsbedingungen (Witterung, Temperatur, Luftfeuchtigkeit, ggf. auch Kaffeetassen am Arbeitsplatz) sichergestellt sein. Besteht die Gefahr falscher Anwendung oder Handhabung fremden Eigentums sind den eigenen Mitarbeitern ggf. Hinweise bereitzustellen oder Einweisungen durchzuführen.

Desweiteren muss Fremdeigentum gekennzeichnet bzw. als solches erkennbar sein, z. B. mittels Anhängeschildchen oder Aufkleber, durch entsprechende Begleitdokumentation, durch Datei-Benamung, mittels IT-Ordnerstruktur oder gesonderter Lagerung. Gelegentlich werden diese Minimalanforderungen in einer Vereinbarung mit dem Kunden spezifiziert.

Bei Vorkommnissen mit fremden Eigentum müssen Aufzeichnungen erstellt werden. Dies dient vor allem dazu, das Risiko späterer Haftungsrisiken sowie Konflikte mit dem Eigentümer zu minimieren Dazu können folgende Dokumente oder Aufzeichnungen helfen:

- eine Bestandsliste über Kundeneigentum, idealerweise inkl. Bestandsbewegungen,
- dokumentierte Eingangs- und Abgangskontrollen,
- Aufzeichnung der zugehörigen Kundenkommunikation,
- Zugangsvorgaben, Vertraulichkeitsklauseln,
- Lagervorschriften,
- Datenschutzvorgaben.

Eine eigene Prozessanweisung für den Umgang mit Kundeneigentum ist nicht zwingend notwendig. In vielen Betrieben wird dieses Thema im QMH oder verteilt auf verschiedene Verfahrens- oder Prozessanweisungen abgehandelt.

8.5.4 Erhaltung

Das Normenkapitel 8.5.4 legt Anforderungen an den allgemeinen Umgang mit den Produkten und Dienstleistungen im betrieblichen Verfügungs- und Verantwortungsbereich fest. Es geht hier also um den Zeitraum vor Abnahme und Übergabe an den Kunden.

Jede Organisation muss Aktivitäten und Maßnahmen nachweisen, die darauf abzielen, eine Verschlechterung der Prozessergebnisse (Produkte, Dienstleistungen, Zwischenergebnisse der Leistungserbringung) zu verhindern und die Einhaltung der Kundenanforderungen aufrechtzuerhalten. Im Vordergrund stehen bei Produkten Vorgaben an deren Handhabung und Lagerung sowie an Transport, Verpackung und Versand. Bei Dienstleistungen geht es z. B. um Datenverlust oder Schutz vor unbeabsichtigten Änderungen, der Einhaltung von Hygiene- oder Sicherheitsvorgaben oder Komfortzusagen.

Die Anforderungen verlangen einerseits sog. Good Workmanship, also gesunden Menschenverstand, welcher auch für einen weniger erfahrenen (aber mitdenkenden) Mitarbeiter selbstverständlich sein sollte. Andererseits umfassen Vorgaben zur Erhaltung auch solche Anforderungen, die üblicherweise nur Mitarbeitern mit spezifischem Produkt-, Dienstleistungs- oder Prozesswissen bekannt sind.

Im Folgenden werden Beispiele für typische Anforderungen an die Erhaltung von Produkten aufgelistet.

Handhabung und Transport

- Nicht nur zu einem Audit sollte Ordnung und Sauberkeit am Arbeitsplatz eine Selbstverständlichkeit sein. Hierzu zählt, dass der Wirkungsbereich nach Abschluss der Tätigkeit oder zum Schichtwechsel/Feierabend aufgeräumt hinterlassen wird. Dokumentation sollte stets geordnet und unnötige Gegenstände bei längerem Nichtgebrauch geschützt und zum vorgesehen Ablageplatz oder Lagerort zurückgebracht werden. Diese Hinweise mögen für viele selbstverständlich klingen und dennoch gibt es in Zertifizierungsaudits immer wieder entsprechende Ermahnungen oder gar Beanstandungen.[14]
- Produktionsmitarbeiter sollten darauf geschult sein, Produktmängel durch das Verhindern und Auffinden von Fremdobjekten im Produkt zu minimieren. Besonderes Augenmerk ist auf das Entfernen von Verschmutzungen und Fremdkörpern zu legen, die Produkte oder Baugruppen beschädigen oder kontaminieren können. Typische Beispiele sind nicht entfernte Bohrspäne, Kabelreste sowie im Produkt zurückgelassene Betriebsmittel oder Kleinteile (z. B. Schrauben oder das Haar in der Suppe). Vorbeugend sind, soweit angemessen, geeignete Prüfungen (z. B. Schütteltest) in den Arbeitskarten anzuweisen.

[14] Auch der Jahreskalender mit nackten Schönheiten kann heutzutage in Produktionsbereichen während eines Zertifizierungsaudits Anlass zur Diskussion bieten, insbesondere dann, wenn in dem Betriebsteil Frauen arbeiten oder dort mit Kundenverkehr gerechnet werden muss.

- ESD-sensitive Teile sind nur unter fachgerechten Schutzmaßnahmen zu bearbeiten, da sie bei unsachgemäßer Behandlung zerstört oder vorgeschädigt werden können. Um eine entsprechende Schädigung dieser Produkte oder einzelner Produktbestandteile bei der Bearbeitung oder Handhabung weitestgehend auszuschließen, sind ESD-geschützte Bereiche einzurichten, in denen ESD-Matten oder Fußböden ausgelegt sind sowie das Tragen von ESD-Kleidung vorgeschrieben ist. Ggf. sollte auch das Lager ESD-gerecht eingerichtet sein.
- Die Fertigung von Produkten ist nur an vorgesehenen Arbeitsplätzen durchzuführen. Dies gilt nicht nur deshalb, weil unter Umständen ausschließlich dort die notwendigen Betriebsmittel vorhanden sind, sondern auch aufgrund eventuell vorgeschriebener Umgebungsbedingungen oder Schutzvorrichtungen. So sind beispielsweise kleine Anstriche/Lackierungen nur in der Lackierkabine oder Lötarbeiten ggf. nur an ESD-Arbeitsplätzen vorzunehmen und nicht am eigenen unzureichend ausgestatteten Arbeitsplatz durchzuführen, auch wenn es dort bequemer oder einfacher wäre.
- Soweit erforderlich sind bei empfindlichen Teilen und Materialien klare Vorgaben zu Transport und Verpackung zu machen und einzuhalten (z. B. Schutz durch Silberfolie bei Statik-empfindlichen Teilen, Schutz vor Erschütterungen durch luftgepolsterte Transporte, Kühlverpackungen, Nutzung spezieller Behältnisse oder Verpackungen zur Verhinderung von Korrosionsbildung oder Oberflächenbeschädigungen).

Lagerung

- Kontrollierte Lagerbedingungen sollen Lagerware vor Zustandsverschlechterung schützen. Voraussetzung bildet das Vorhandensein und die Einhaltung der produktspezifischen Lagervorgaben, die Dokumentation der Lagerbedingungen, die Verfolgung der Ein- und Auslagerungsvorgänge sowie Warenprüfungen. Fast in jedem Betrieb finden sich übrigens Aufbewahrungsbehältnisse (umgefüllter) Flüssigkeiten die nicht erkennen lassen, was sich in ihnen seit wann befindet.
- Nicht verwendungsfähiges Material ist zu kennzeichnen und getrennt von verwendungsfähigem zu lagern. Fehlerhaftes Lagermaterial oder solches mit unbekanntem Status ist zu kennzeichnen und in ein Sperrlager zu verbringen, um das Risiko eines unbeabsichtigten Gebrauchs auszuschließen.
- Materialien mit begrenzter Haltbarkeit bedürfen der Lagerzeitüberwachung. Für die spezifische Handhabung von Verbrauchsmaterial und Stoffen mit begrenzter Haltbarkeitsdauer gilt das jeweilige Datenblatt oder Haltbarkeitsangaben am Produkt. Sofern auf der Verpackungseinheit kein absolutes Mindesthaltbarkeitsdatum (z. B. haltbar bis Dez. 2020) aufgedruckt wurde, ist auf das zugehörige Datenblatt des Stoffes zurückzugreifen. Überdies empfiehlt es sich in diesem Fall, mit Hilfe eines Haltbarkeitsaufklebers an der Verpackung, Lieferdatum und Haltbarkeit zu vermerken. Auch das Datum der Öffnung sollte auf einem solchen Aufkleber dokumentiert werden. Wenn logisch nachvollziehbar sichergestellt ist, dass die Stoffe rasch verbraucht werden, kann auf eine derart strenge Lagerzeitüberwachung verzichtet werden (z. B. bei Lötpaste an Löt-Arbeitsplätzen oder Grippeimpfstoff in einer Arztpraxis).

- Um das Risiko von Produkt- oder Materialbeschädigungen während der Lagerung bzw. der Ein- und Auslagerung zu minimieren, sind, wo sinnvoll, entsprechende Schutzmaßnahmen zu ergreifen. Deren Art und Umfang orientieren sich an Wert, Gefährlichkeit und Empfindlichkeit des jeweiligen Produkts oder Materials. Besondere Lagervorgaben sind üblicherweise den Material-Datenblättern oder Herstellervorgaben zu entnehmen. So sind z. B. Oberflächenbeschädigungen durch Einsatz von trennendem Schutzmaterial zu minimieren, ggf. sind bei der Handhabung zusätzlich Handschuhe zu tragen. Zahlreiche Faserverbundmaterialien müssen während der Lagerung flach und frei von Druckbelastung gelagert werden. Motoren und Getriebe sind vor der Einlagerung unter Umständen zu konservieren.
- Gefahrstoffe sind mit einem Warnhinweis zu kennzeichnen und gesondert zu lagern. Es muss eine Inventarisierung und Überwachung der Gefahrstoffe über eine Gefahrstoffliste oder -datenbank sichergestellt werden. Überdies müssen zugehörige Sicherheitsdatenblätter vorliegen, da sie Informationen zum Umgang mit den Gefahrstoffen enthalten. Diese sollten im direkten Zugriffsbereich liegen (d. h. nicht im Büro des verantwortlichen Materialeinkäufers), damit im Notfall Sofortmaßnahmen ergriffen werden können (z. B. Augenspülen mit der geeigneten Substanz). Für die entsprechende Verwaltung ist, soweit vorhanden, der Gefahrstoffbeauftragte verantwortlich. Andernfalls sollte ein Verantwortlicher benannt werden.

8.5.5 Tätigkeiten nach der Auslieferung

Die Leistungserbringung endet nicht mit der Auslieferung, sondern erstreckt sich auch auf den Zeitraum danach – mindestens im Fall von Reklamationen oder Garantien.

Art und Umfang der Betreuung orientieren sich vor allem am Produkt bzw. der Leistung. So wird es Organisationen geben, für die die Anforderungen dieses Kapitels kaum zutreffen (z. B. Arztpraxen), aber auch solche, die hier umfangreich aktiv werden müssen (z. B. der Maschinen- und Anlagenbau). Die Gründe für Tätigkeiten nach Auslieferung können dabei durch den Kunden, durch den Gesetzgeber oder durch interessierte Parteien ausgelöst werden. Ursächlich sind dann i. d. R:

- Vertragsanforderungen,
- Garantien oder Reklamationen,
- nicht vertraglich fixierte Erwartungshaltung der Kunden (auch Kundenfeedback),
- gesetzliche oder behördliche Anforderungen (z. B. Sicherheitsanforderungen, Überwachungen).

Nicht zuletzt können auch betriebliche Anforderungen umfangreiche Tätigkeiten nach der Auslieferung erfordern, z. B. mit dem Ziel einer Verfolgung der langfristigen Produkt- und Leistungsqualität. Einen wesentlichen Bestandteil bildet in letzterem Fall die Überwachung von Produkten oder Dienstleistungen während die Betriebsphase. Die notwendigen Informationen können z. B. übermittelte Kundendaten zur Produkt- oder Leistungsperformance, Kundenreklamationen oder Fehleranalysen von Reparaturgeräten liefern. Aus dieser Leistungsüberwachung lassen sich dann z. B. Hinweise auf die Produktzuverlässigkeit, Änderungsbedarfe sowie Verbesserungspotenziale und Risiken ableiten. Dazu kann ein einfaches Trouble-Shooting mit sofortiger Problembeseitigung und geringen Dokumentationsaufwendungen ausreichend sein. Bei größeren oder systematischen Produkt- oder Leistungsmängeln müssen indes aufwendigere Analysen zu Fehlerursachen und -zeitraum sowie Fehlermustern mit einem Reporting durchgeführt werden.

8.5.6 Überwachung von Änderungen

Produkte und Dienstleistungen sowie Prozesse und Verfahren sind nicht nur im Zuge ihrer Entwicklung und Einführung strukturiert zu steuern. Auch Änderungen erfordern ein systematisches Vorgehen. Gründe für geplante Neuausrichtungen können z. B. sein:

- Modifikationen an Produkten oder Dienstleistungen (Fehlerbeseitigung, Funktionserweiterung),
- Änderungen des Produktionsablaufs (Reihenfolge, Einfügen oder Entfernen von Prozessschritten, Outsourcing),
- Verwendung neuer Maschinen, Tools sowie neuer Software einschließlich Releasewechsel,
- Anwendung neuer Leistungsparameter (Löttemperaturen, Bearbeitungsgeschwindigkeiten, z. B. beim Fräsen, Wärmebehandlungen, Abkühlkurven),
- Verwendung neuer Materialien, Betriebs- oder Hilfsstoffe (z. B. neue Kleber, Reinigungsmittel).

Aus Normensicht ist es wichtig, dass Änderungen zunächst strukturiert geplant und umgesetzt werden. Es ist sicherzustellen, dass die Änderungen vor ihrer Realisierung

- in Art und Umfang bewertet,
- deren Einfluss ermittelt,
- ggf. Maßnahmen/Aktivitäten abgeleitet,
- Maßnahmen im Hinblick auf deren Wirksamkeit überprüft sowie
- angemessen dokumentiert werden.

Ziel dieser Prüfung muss es sein, die Wirksamkeit der Änderung zu ermitteln (Ist das angestrebte Ziel erreicht worden?) und die Aufrechterhaltung der Produkt bzw. Dienstleistungskonformität festzustellen (Entsprechen die Produkt-/Dienstleistungseigenschaften nach wie vor den Anforderungen?). Art und Umfang einer solchen Bewertung muss der Änderung angemessen sein.

Änderungen können beispielsweise entstehen, wenn der Kunde kurzfristig sein Leistungspaket erweitert oder ein Auftrag priorisiert in den Produktionsprozess eingeschoben werden muss. Auch der Wechsel eines Lieferanten oder der streikbedingte Teilausfall zugesagter Liefermengen können Beispiele für strukturiert anzugehende Änderungen im Wertschöpfungsprozess erfordern. Auch wenn eine produktionswichtige Maschine oder ein IT-System implementiert wird oder ausfällt, handelt es sich um eine Änderung im Leistungserbringungsprozess, so dass ein strukturiertes Vorgehen zur Problemlösung erforderlich wird.

Weitere Beispiele: Änderungen und Verifizierungen an Leistungsprozessen

1. Beispiel: Sollen bisher manuell durchgeführte Fräsarbeiten durch eine neu anzuschaffende CNC-Maschine ersetzt werden, ist eine solche Umstellung zu planen und zu bewerten. So sind im Vorfeld die Auswirkungen auf den Produktionsablauf zu bestimmen sowie umstellungsbedingte Ausfallzeiten und mögliche Verzögerungen auf zugesagte Liefertermine zu ermitteln. Nach Aufstellung der Maschine ist ein testweiser Fertigungsdurchlauf durchzuführen und mit einer First-Article-Inspection (FAI) die Fräsqualität zu bewerten. Unter Umständen muss überdies auf Basis der Vertragsanforderungen geprüft werden, ob eine derart umfassende Produktionsprozessänderung der Zustimmung des Kunden bedarf.
2. Beispiel: Bei der Einführung eines Klebeautomaten anstatt manueller Klebung wird gleichbleibende Kontinuität in der Klebenaht, gleichmäßiger Kleber-Auftrag und schnelle Bearbeitungszeit erwartet. Nach Einführung des Klebeautomaten muss mittels FAI verifiziert werden, ob Klebenaht und Klebe-Auftrag den Vorgaben entsprechen und die Bearbeitungszeit die Erwartungen erfüllt.
3. Beispiel: Die Müller-Schulze GmbH plant, das Call-Center der Service-Abteilung fremd zu vergeben. Daher muss das Unternehmen die Mitarbeiter des neuen Call-Center Dienstleisters trainieren und mittels Testanrufen deren Qualifikation auf Basis objektiver Kriterien mittels Checkliste feststellen. Da auch eine neue Software zur Verwaltung der Service-Vorfälle eingesetzt wird, muss eine Datenmigration durchgeführt und deren Erfolg durch Abgleich von Datensätzen im alten und im neuen Tool geprüft werden. Am Ende werden in einem Testlauf Reaktionszeiten und die Anzahl fehlerhafter Erfassungen vor und nach der Änderung verglichen.

Änderungen an Prozessen, Produkten oder Dienstleistungen dürfen erst freigegeben werden, wenn das geplante Ergebnis und die Aufrechterhaltung der Anforderungen von einer dazu berechtigten Person nachvollziehbar festgestellt wurde. Die Berechtigten zur Freigabe von Prozessänderungen sollten dazu definiert sein. Üblicherweise handelt es sich dabei um eine Führungskraft der Produktions-, Dienstleistungs- bzw. Entwicklungsabteilung oder die Geschäftsführung.

Zu den Änderungen sind dokumentierte Informationen zu führen. Diese sollten mindestens folgenden Umfang haben:

- Dokumente, die die Änderung am Produkt, der Leistung oder am Prozessablauf beschreiben,
- Nachweise, dass die geplanten Änderungen erfolgreich umgesetzt wurden (z. B. Messergebnisse, FAI-Protokolle),
- der Grund für die Änderung und
- Ergebnisse der Prüfung nach Änderung
- Freigabe der Änderung durch einen Berechtigten.

Während bzw. nach Implementierung der Änderung sind die betroffenen Mitarbeiter zu informieren und wenn nötig zu schulen.

8.6 Freigabe von Produkten und Dienstleistungen

Produkte und Dienstleistungen können nur dann vollen Nutzen beim Kunden entfalten, wenn sie dessen Anforderungen gerecht werden. Tun sie es nicht, sinkt die Kundenzufriedenheit. Um sicherzustellen, dass alle ausgelieferten Produkte und durchgeführten Dienstleistungen die definierten Anforderungen erfüllen, bedarf es Prüfungen (Verifizierungen) und Freigaben. Die ISO 9001:2015 fordert ein systematisches Vorgehen für die Kontrolle von Produkt- und Dienstleistungsmerkmalen während der Leistungserbringung und insbesondere vor Kundenabnahme. Dazu muss ein strukturiertes Prüf-/Freigabevorgehen mit klar definierten Prüfvorgaben und Annahmekriterien definiert sein, das durch dafür qualifiziertes und berechtigtes Personal sichergestellt wird.

Die Produkt- und Dienstleistungsprüfungen müssen auf Basis „geplanter Regelungen" durchgeführt werden, also z. B. mit Hilfe von Prozessbeschreibungen, Prüf- und Arbeitsanweisungen, der technischen Dokumentation, Arbeitskarten oder allgemein anerkannter Prüfmethoden. Bei den Maßnahmen zur Überwachung und Messung eines Produkts oder einer Dienstleistung kann es sich z. B. um Sicht- und Vollständigkeitsprüfungen, um Funktionstests oder um Messungen handeln. Diese Überwachungen und Freigaben können dabei auf den Wertschöpfungsprozess verteilt sein und müssen nicht notwendigerweise nur am Ende vor Auslieferung an den Kunden stehen. Zwischenprüfungen stellen sicher, dass Fehler frühzeitig identifiziert und so Ausschuss oder Nacharbeit vermieden werden, um Kosten und Zeitverlust zu minimieren. Zwischenprüfungen können zu festen Prüfpunkten im Wertschöpfungsprozess oder bei Übergabe zwischen Fertigungsstellen bzw. Arbeitsschritten sowie am Ende der Leistungserbringung ansetzen.[15] In der Dienstleistungserbringung können Prüfpunkte auch nach Dokumentenerstellung oder vor Milestone-Meetings gesetzt werden.

Im Rahmen von Produkt- und Dienstleistungsfreigaben sind die folgenden Prüfanforderungen festzulegen:

[15] Neben einer Prüfung der Erfüllung von Anforderungen stehen auch Prüfungen der Vollständigkeit, Plausibilität oder Einhaltung von Vorgaben im Vordergrund.

a. Annahme- bzw. Zurückweisungskriterien.[16]
b. An welcher Stelle oder bei welchem Prozessschritt Prüfungen vorzunehmen sind.
c. Anforderungen an die Aufzeichnungen der Prüfergebnisse. Formulare und Checklisten können gerade bei komplexen Leistungen eine strukturierte Abarbeitung unterstützen und die Aufzeichnung der Prüfergebnisse erleichtern.
d. Vorgaben hinsichtlich anzuwendender Mess- und Testmittel (z. B. mechanische oder elektronische Messgeräte, Schablonen und Messnormale, Bildmuster) sowie ggf. Anweisungen für deren Einsatz.

Zu Freigabeaktivitäten sind in angemessenem Maße Nachweise anzulegen, um auch nachträglich feststellen zu können, dass das erbrachte Produkt oder die Dienstleistung an jedem wichtigen Punkt der Wertschöpfung den definierten Anforderungen entsprach.

Grundsätzlich ist die Freigabe des Produkts oder der Dienstleistung sowie deren Übergabe an den Kunden erst nach Abschluss aller Tätigkeiten zulässig. Dieser Vorgabe kann jedoch der betriebliche Alltag (z. B. Vor-Ort-Fertigstellung beim Kunden, Termineinhaltung) oder der Kundenwunsch entgegenstehen. Dann ist das Produkt und dessen Status zu identifizieren und zu verfolgen, um die noch fehlenden Arbeiten nachvollziehen und durchführen zu können. Wird das Produkt auf Kundenwunsch vor der Freigabe ausgeliefert, so ist eine Kundenbestätigung einzuholen. Dies dient primär dazu, etwaigen aus der vorzeitigen Auslieferung resultierenden Haftungsansprüchen oder Kundenbeschwerden später entgegentreten zu können. Zugleich wird durch die Kundenfreigabe dessen Bewusstsein geschärft, dass die Leistung unter Umständen nicht fehlerfrei ist und so einer verfrühten Zufriedenheitserwartung vorgebeugt. Vor Auslieferung des nicht fertiggestellten Produkts oder der Dienstleistung ist zudem eine innerbetriebliche Sonderfreigabe zu erteilen.

Aus den Mess- und Prüfaktivitäten lassen sich übrigens brauchbare Kennzahlen für die Bewertung der Prozessleistung (vgl. Kap. 9) ableiten. Über kumulierte Auswertungen können nämlich systematische Fehler oder Abweichungen identifiziert werden. Nützliche Beispiele für kumulierte Prüfauswertungen sind Fehler- bzw. Rückweisungsquoten, Ausschuss oder Prüfaufwände (Zeit bzw. Kosten).

8.7 Steuerung nichtkonformer Ergebnisse

Allgemeine Begleiterscheinung des Organisationsgeschehens ist eine gelegentlich unsachgemäße Leistungserbringung. Diese kann in den Prozessen der eigenen Wertschöpfung, bei Zulieferern oder Partnern geschehen. Entstehen dadurch Mängel oder Schäden am Produkt bzw. an der Leistung, kann eine Übereinstimmung mit den Kundenanforderungen unter Umständen nicht (mehr) sichergestellt werden. Dabei ist es unerheblich, ob sich

[16] Die Erfüllung von Kriterien kann auch mit Hilfe von Bildtafeln nachgewiesen werden, z. B. mittels Muster oder Maserungen.

das fehlerhafte Produkt oder die Dienstleistung noch in der betrieblichen Wertschöpfung befindet oder ob die Auslieferung bereits erfolgte. In beiden Fällen besteht Handlungsbedarf. Im Vordergrund steht dabei neben einer Schadensbegrenzung, die Fehlerbehebung durch Ersatz oder durch Korrektur- (und Service-) Maßnahmen, um den Schaden beim Kunden möglichst gering zu halten. Zur systematischen Ursachenanalyse und Festlegung von Korrekturmaßnahmen sind 8D-Reports oder das 5W-Vorgehen sehr hilfreich und gehören heute zum Standard-Repertoire des Qualitätsmanagements.

Im Normalfall werden fehlerhafte Produkte über folgende Kanäle identifiziert:

- im Zuge des Wareneingangs durch Anlieferung fehlerhafter Materialien, Teile oder Hilfsstoffe durch Zulieferer,
- im Rahmen von Zwischenkontrollen oder bei der Endprüfung in der laufenden Produktion,
- über Rücksendungen des Kunden (Garantien) bzw. Reparaturanforderungen.

Da fehlerhafte Produkte in der betrieblichen Praxis somit überall und jederzeit auftreten können, ist es umso wichtiger, im Umgang mit diesen über ein strukturiertes Vorgehen, d. h. über einen eigenen Steuerungs- und Überwachungsprozess zu verfügen. Zwar ist es formal nicht mehr zwingend vorgeschrieben, hierfür einen schriftlich dokumentierten Prozess vorzuhalten. Jedoch lässt sich das Risiko einer unbeabsichtigten Verwendung nur mit einem systematischen Vorgehen minimieren. Insoweit wird hier auch zukünftig nur in Ausnahmefällen auf dokumentierte Vorgaben verzichtet werden können.

Prozess

Wurde ein fehlerhafter Prozess, ein mangelbehaftetes Produkt oder eine Dienstleistung identifiziert, so sind zunächst Sofortmaßnahmen vorzunehmen. Hierzu zählt die Aussonderung[17] und eindeutige Kennzeichnung des betroffenen Gegenstands, so dass dessen Zustand klar erkennbar wird. Weitere Maßnahmen können der Arbeitsstopp am betroffenen Arbeitsschritt oder die Sperrung der zugehörigen Material-Charge sein.

Im weiteren Verlauf sind Maßnahmen der Fehlerbehebung (vgl. Kap. 8.7 a) zu ergreifen. Dies erfordert zuvor sowohl eine Ursachensuche und -analyse als auch die Bestimmung des Fehlerumfangs (beachte auch Kap. 10.2).

Grundsätzlich kommen im Umgang mit fehlerhaften Produkten und Dienstleistungen folgende Handlungsalternativen in Frage:

1. Verwendung im Ist-Zustand,
2. Neueinstufung (z. B. wegen eingeschränkter Verwendung),
3. Korrektur bzw. Nacharbeit,
4. Rücksendung an den Lieferanten,
5. Verschrottung/Vernichtung

[17] Kann das Problem nicht umgehend gelöst werden, ist das fehlerhafte Produkt im Sperrlager zu verwahren.

Im Zuge der Maßnahmen 1–3 wird das Produkt oder die Dienstleistung von einem qualifizierten Mitarbeiter, z. B. den produktverantwortlichen Entwickler oder einer Führungskraft, mittels Sonderfreigabe freigegeben. Im Falle einer Reparatur oder Nacharbeit muss das Produkt oder die Dienstleistung vor der Sonderfreigabe nochmals verifiziert werden, um sicherzustellen, dass diese den Anforderungen entsprechen.

Sofern das Produkt nach Sonderfreigabe nicht mehr der vereinbarten Spezifikation entspricht, muss der Kunde in die Vorgehensentscheidung eingebunden werden. Dieser muss der Entscheidung dann zustimmen. Die Berichterstattung gegenüber dem Kunden sollte i.d.R. Angaben zum betroffenen Produkt oder der Leistung, eine Fehlerbeschreibung, mögliche Auswirkungen sowie das Vorgehen für die Korrektur enthalten.

Über fehlerhafte Produkte sowie zugehörige Maßnahmen und etwaige Sonderfreigaben durch eigenes Personal, Kunden oder staatliche Stellen sind angemessene Aufzeichnungen zu führen, insbesondere in Hinblick auf die Nichtkonformität, die Entscheidungsträger, Leistungsänderungen oder Zugeständnisse sowie die (Sonder-) Freigabe.

Beispiele für den Umgang mit fehlerhaften Produkten

Fehllieferungen im Wareneingang: Bei der Wareneingangsprüfung festgestellte Fehler werden im Wareneingangsprüfprotokoll dokumentiert. Erfolgt keine sofortige Reklamation und Rücksendung, erhält das Produkt einen roten Sperr-Tag oder Sperrband inklusive mit Fehlerbeschreibung und wird im Sperrlager zwischengelagert.

Schnitzer/Patzer während der Fertigung: Bei unsauber ausgeführter Arbeit ohne Auswirkungen auf die Funktionsmerkmale entscheidet üblicherweise der prüfberechtigte Mitarbeiter über das weitere Vorgehen. Sofern zur Überarbeitung/Instandsetzung eine technische Änderung notwendig wird, ist der produktverantwortliche Mitarbeiter/Entwickler für eine Entscheidung heranzuziehen.

Systematische Fehler in der eigenen Produktion führen zu einem Stopp der Fertigung. Der Fertigungsleiter und der QMB müssen benachrichtigt werden. Im Rahmen der Suche nach Ursache und Fehlerumfang ist zu prüfen, ob weitere Geräte, Systeme und/oder Prozesse betroffen sind. Ist dies der Fall, müssen auch diese identifiziert, gekennzeichnet und behandelt werden. Für die Bewertung ist üblicherweise der produktverantwortliche Entwickler einzubeziehen. Es sind Korrekturmaßnahmen entsprechend Kap. 10.2 (Korrekturmaßnahmen) einzuleiten. Auch in den Bereichen Wareneingang und Reparatur können systemische Fehler identifiziert werden: z. B. aufgrund von fehlerhaften Bestellangaben oder gehäuft auftretenden Fehlern bei Reparaturgeräten.

Fehler an ausgelieferten Produkten sollten mindestens in Zusammenarbeit zwischen produktverantwortlichem Entwickler, QMB und dem Kundenbetreuer aufgeklärt werden. Sofern betroffen, sind weitere Betriebsbereiche einzubinden. Der Fehler ist in Art und Umfang zu bestimmen. Im Anschluss werden in Absprache mit dem Kunden je nach Schwere des Fehlers angemessene Maßnahmen zur Fehlerbeseitigung festgelegt (z. B. Reparatur vor Ort, Austausch der Geräte oder Reparatur beim nächsten geplanten Serviceaufenthalt).

9 Bewertung der Leistung

Über die Anforderungen des Normenkapitels 9 soll sichergestellt werden, dass die Produkt- und Dienstleistungskonformität sowie die Kundenzufriedenheit aufrechterhalten werden. Ferner darf das QM-System mit all seinen zugehörigen Prozessen im Zeitablauf nicht an Leistungsfähigkeit einbüßen, sondern muss weiterentwickelt und verbessert werden. Die wesentlichen Instrumente zur Bewertung der Leistung sind dabei die Messung und Analyse, die Auditierung sowie die Managementbewertung.

9.1 Überwachung, Messung, Analyse und Bewertung

9.1.1 Allgemeines

Um die Leistungsfähigkeit der Wertschöpfung zu bewerten, müssen die Prozesse und deren Ergebnisse, überwacht werden. Dadurch soll festgestellt werden, ob die Prozesse ihren Zweck im erwarteten Umfang erfüllen und die Produkte und Dienstleistungen den definierten Anforderungen gerecht werden. Dies erfolgt mittels Überwachung und Messung der Prozessperformance. Über die Ergebnisse wird die Erfüllung der Qualitäts- und Leistungsziele entweder bestätigt oder es werden Schwachstellen und Abweichungen aufgedeckt.

Art, Umfang und Häufigkeit der Überwachung und Messung müssen definiert sein und an der Organisationsgröße und dem Leistungsportfolio ausgerichtet werden. Kleine Organisationen mit einfacher Leistungserbringung kommen unter Umständen mit einem Dutzend Messpunkten und einer Handvoll Kennzahlen aus, während Unternehmen mit Konzernstrukturen ein umfassendes Controlling-System vorweisen müssen. Im Hinblick auf die Häufigkeit wird es notwendig sein, einige Messungen täglich im Zuge der Leistungserbringung vorzunehmen (z. B. Abnahmeprüfungen), andere Messungen brauchen

M. Hinsch, *Die ISO 9001:2015 – Ein Ratgeber für die Einführung und tägliche Praxis*,
https://doi.org/10.1007/978-3-662-56247-5_9

indes nur einmal pro Jahr vorgenommen werden (z. B. Fluktuation). Dabei ist die Überwachung und Messung entsprechend

- der Wertigkeit der Prozesse für die Leistungserbringung bzw.
- der Bedeutung einzelner (inkl. zugelieferter) Produkt- und Dienstleistungsbestandteile auf das Gesamtergebnis

durchzuführen. Eine nur jährliche Messung auch von Basis-Kennzahlen der Kernprozesse wird dabei von den meisten Zertifizierungsauditoren nicht akzeptiert. In dieser Seltenheit erhoben, sind die Kennzahlen nicht geeignet, Schwachstellen rechtzeitig aufzudecken und damit ihre eigentliche Funktion als faktenbasierte Entscheidungshilfe zu erfüllen. Wichtig ist zudem, dass Messungen einen klaren Ursache-Wirkungszusammenhang erkennen lassen (Aussagekraft!). Dazu müssen geeignete Messmethoden bzw. Kennzahlen vorliegen und Erhebungshäufigkeiten bestimmt werden. Idealerweise sollten die selten zu erhebenden Daten zeitnah zum Management-Review ermittelt werden, damit für die Bewertungen aktuelle Informationen vorliegen. Hinweise, auf welcher Grundlage zu messen ist, finden sich in der Aufzählung des Kap. 9.1.3 a)–f). Je nach Organisationsgröße und Leistungsportfolio können dazu z. B. folgende Kennzahlen festgelegt werden:

- Maschinenausfallzeiten, alternativ auch Maschinenauslastung,
- Verschnitt, Ausschuss, Nacharbeiten,
- Durchlauf- und Bearbeitungszeiten,
- Warte- und Liegezeiten,
- Stempelquote der Mitarbeiter oder Verbuchungsrate auf Aufträge,
- Zeitspanne von Auftragseingang bis Auslieferung,
- Reklamationsrate,
- Fehlerstatistiken aller Art,
- Fluktuationsrate des Personals,
- Dauer der Abarbeitung von Auditbeanstandungen,
- IT-Ausfallzeiten,
- Dauer der Einstellung von neuen Mitarbeiter (Bewerbungseingang bis Vertragsunterzeichnung),
- Materialrückgaben ans Lager,
- Cost of Non-Quality,
- Lagerumschlag und Kapitalbindung,
- Lagertemperatur und Luftfeuchtigkeit.

Gerade bei der Überwachung von Prozessen herrscht in neu zu zertifizierenden Organisationen nicht selten anfängliche Unsicherheit, welche Kennzahlen geeignet bzw. von den Zertifizierungsauditoren akzeptiert werden. Eine allgemeingültige Antwort ist hier kaum möglich. Die Erhebung von Qualitätskennzahlen soll jedoch kein Selbstzweck sein, sondern dem Management helfen, Schwachstellen zu erkennen und

Verbesserungsmaßnahmen einzuleiten. Kennzahlen sind eine Hilfestellung für Mitarbeiter und Geschäftsleitung. Sie müssen den Beteiligten einen Nutzen stiften. Die Geschäftsführung muss mit den Überwachungs- und Messungsaktivitäten annähernd in der Lage sein, die Organisation zu steuern.

Dabei müssen sich die wichtigsten Qualitätskennzahlen an den Qualitätszielen orientieren. Die Herleitung wurde dazu in Abschn. 6.2 dieses Buchs beschrieben. Sollen über die dort aufgeführten Beispiele hinausgehende Prozessmessungen etabliert werden, kann für eine Festlegung von Kennzahlen auch der Weg über die betriebliche Prozesslandkarte beschritten werden. In einem ersten Schritt ist dazu die Frage zu stellen, was der Output eines jeden Kernprozesses ist, z. B.:

1. Welche Aufgabe hat der Vertrieb?
2. Wann kann von einer erfolgreichen Entwicklung gesprochen werden?
3. Was zeichnet eine gute Herstellung aus?
4. Wann ist die Beschaffung von Material und Dienstleistungen kaum mehr zu verbessern?

Für die Identifizierung Fragen dieser Art ist es wichtig, die Anforderungen und Bedürfnisse der externen oder internen Kunden genau zu kennen. Nur so kann sich der Prozesseigner den Schlüsselwerten zur Überwachung und Messung seiner Prozesse nähern. In einem zweiten Schritt müssen dann eine oder mehrere Antworten primär unter Aspekten der Qualität und Effektivität gegeben werden, z. B.:

1. Aufträge zu akquirieren, d. h. möglichst viele Angebote zu einem erfolgreichen Abschluss zu bringen.
2. Wenn das erwartete Produkt unter Einhaltung des zeitlichen, finanziellen und ressourcenseitigen Rahmens entwickelt werden konnte!
3. Dass das Produkt ohne Nacharbeit sowie mängelfrei und ohne zeitliche Verzögerung ausgeliefert wurde.
4. Wenn der Fremdbezug anforderungsgerecht, d. h. einwandfrei und On-Time geliefert wurde.

In einem dritten Schritt sind aus diesen Antworten, Kennzahlen abzuleiten, z. B.:

1. Hit-Rate, d. h. Qualität der Angebote durch Vergleich der erhaltenen Aufträge in Relation zu den abgegebenen Angeboten,
2. Planungspräzision in der Entwicklung:
   a. On-Time-Delivery in der Entwicklung: Abweichung in Tagen zwischen geplanter Milestone-Freigabe zu tatsächlicher Freigabe, ggf. im Verhältnis zur Gesamtlänge der zugehörigen Entwicklungsphase,
   b. Budgeteinhaltung: Ist-Kosten zu Plankosten,
   c. Einhaltung des Stundenaufwands (alternativ: Tage): Ist-Stunden zu geplanten Entwicklungsstunden,

3. Rückweisungsquote im Final Acceptance Test, ggf. ergänzt um Korrekturaufforderungen nach Auslieferung und Inanspruchnahme von Garantiezusagen (Garantiekosten),
4. Quote der Wareneingangsbefunde, On-Time-Delivery der Lieferanten.

Bei der Definition von Kennzahlen ist stets zu beachten, dass diese leicht zu erheben und frei von verzerrenden Einflüssen sind. Nicht zuletzt müssen die Werte von der Organisation auch unmittelbar beeinflusst werden können. Allzu oft werden von Controllern und Qualitätsmanagern Daten erhoben und Kennzahlen bereit gestellt, die für den Adressaten wenig hilfreich sind. Vor der Erhebung sollte daher eine Abstimmung in Hinblick auf die Informationsbedürfnisse der Entscheidungsträger stattfinden. In diesem Zuge ist dann auch zu klären, durch wen, welche Daten in welcher Häufigkeit erhoben werden und wem diese, zu welchem Zeitpunkt wie zur Verfügung zu stellen sind.

Mit ergänzenden, gut aufbereiteten Visualisierungen für das laufende Berichtswesen können Qualitätsverantwortliche oder Controller nicht nur im Rahmen des Management Reviews persönlich punkten. Wenngleich Visualisierungen alleine im Zertifizierungsaudit nicht ausreichen, können Graphiken, gerade im Bereich der Trendanalyse oder bei Häufungen oft mehr aussagen als viele Zahlen. Durch zusätzliche Integration von Zielwerten und Warngrenzen lässt sich in Graphiken überdies rasch erkennen, dass Werte noch „im grünen Bereich" sind oder sich kritischen Grenzen annähern.

9.1.2 Kundenzufriedenheit

Kerncharakteristikum der ISO 9001 ist neben der Prozessausrichtung eine konsequente Kundenorientierung. Kundenzufriedenheit ist dabei nicht auf das Produkt oder die Dienstleistung beschränkt, sondern bezieht sich auf alle Aspekte und Bestandteile einer Geschäftsbeziehung. Für eine langfristig erfolgreiche Marktpräsenz müssen Organisationen daher, neben einem wettbewerbsfähigen Produkt- und Dienstleistungsportfolio, auch eine angemessene Liefer- und Serviceperformance sicherstellen. Ziel ist es schließlich, dass die Kunden zufrieden mit Leistung *und* Zusammenarbeit sind. Aus Normensicht ist es dabei unerheblich, ob es sich um einen externen oder einen betriebsinternen Kunden handelt. Letztere sind insbesondere in Großorganisationen verbreitet.

Die Kundenzufriedenheit wird als ein wesentlicher Parameter zur Bewertung der Leistungsfähigkeit des QM-Systems betrachtet. Daher sollten Parameter und Kennzahlen sowie Intervalle der Kundenzufriedenheitsmessung definiert sein. Typische Kriterien/Kennzahlen zur Bestimmung der Kundenzufriedenheit sind:

- die Pünktlichkeit der Lieferleistung (On-Time-Delivery, OTD),
- die Produktkonformität (z. B. durch Final Acceptance Tests oder Rate der Reklamationen),
- Aufforderungen zu Korrekturen an der ausgelieferten Leistung,
- Beschwerden von Kunden.

Fragebögen für die Ermittlung der Kundenzufriedenheit zu versenden, ist übrigens in vielen Fällen nicht mehr State-of-the-Art. Dafür hat die ISO 9001 in den vergangenen 10–15 Jahren zu starke Verbreitung gefunden. Qualitätsbezogene Fragebögen kommen seitdem inflationär zum Einsatz und werden von Befragten kaum mehr oder nur noch selten gewissenhaft beantwortet. Diese sind eher zu einem Tool zur Steigerung der Kunden*un*zufriedenheit geworden. In der ANMERKUNG des Normenabkapitels 9.1.2 sind Alternativen zur Messung der Kundenzufriedenheit aufgeführt. Darüber hinaus eignen sich für die Bewertung auch Veränderungen von Geschäftsvolumina, Vertriebsberichte sowie ggf. Auswertungen zu Art, Umfang und Entwicklung von Reparaturen.

Werden Defizite in der Kundenzufriedenheit identifiziert, so muss entsprechend den Anforderungen zur fortlaufenden Verbesserung (Kap. 10.3) ein systematisches Vorgehen initiiert werden. Es ist also sicherzustellen, dass Maßnahmen entwickelt werden und diese einer wirksamen Verfolgung unterliegen. Derlei Aktivitäten müssen sich in der Managementbewertung wiederfinden.

Wenngleich nicht explizit gefordert, ist eine Dokumentation der Ergebnisse von Kundenzufriedenheitsermittlungen aus Nachweisgründen geboten. Die Aufbewahrungsfrist sollte mindestens fünf Jahre betragen.

9.1.3 Analyse und Beurteilung

Dieses Unterkapitel zielt darauf ab, dass erhobene QM-Daten kontinuierlich analysiert und bewertet werden. Dabei sind durch strukturierte Datenauswertung unmittelbare Aussagen zur Produkt-, Dienstleistungs- und Prozessqualität, zur Kundenzufriedenheit sowie zur Leistungsfähigkeit des QM-Systems abzuleiten. Im Fokus steht eine Analyse, die faktenbasierte Situationsbeurteilungen und Entscheidungsfindungen ermöglicht.

Als Informationsquellen dienen alle Daten, einschließlich zukunftsgerichteter Trendanalysen, die Aufschluss über die Qualität geben können. Entsprechend Normenkapitel 9.1.3 müssen folgende Daten ausgewertet werden:

a. *Produkte und Dienstleistungen*: z. B. Produktprüfungen, Inanspruchnahme von Garantien, Aufforderung zu Korrekturmaßnahmen,
b. *Kundenzufriedenheit*: z. B. Verkaufszahlen, Art und Anzahl von Korrekturmaßnahmen und Kundenbeschwerden, Befragungen und Feedback,
c. *Leistungsfähigkeit des QM-Systems*: Umsetzungsgeschwindigkeit von Auditbeanstandungen, Cost-of-non Quality
d. *Planungsqualität*: Termineinhaltungen oder Ressourcenausnutzung: z. B. Plan zu Ist-Stunden, On-Time-Delivery,
e. *Risiken und Chancen*: Planabweichungen in Stunden/Tagen, Nacharbeit, Stillstandzeiten,
f. *Lieferantenperformance*: z. B. Ermittlung der On-Time-Delivery, Wareneingangsbefunde, Kosten, Innovationsfähigkeit,
g. *Betriebliches Verbesserungswesen*: z. B. zurückliegende Entwicklungen zu den hier genannten Beispielen.

Das Kap. 9.1.3 steht nicht für sich allein, sondern ist stets in engem Zusammenhang mit anderen Abschnitten der Norm zu sehen. Dort wird also die Grundlage für die hier geforderte Analyse und Beurteilung geschaffen: Beispiele für solche Inputs bilden insbesondere Kap. 8.4 (Lieferantenperformance), Kap. 8.6 (Freigabe von Produkten und Dienstleistungen) und Kap. 9.1.1 (Allgemeines zur Überwachung und Messung) sowie Kap. 9.1.2 (Kundenzufriedenheit).

Die entsprechend dieses Kapitels bewerteten Ergebnisse liefern entweder den Nachweis der Erfüllung aller Qualitätsanforderungen oder sie bilden den Ausgangspunkt für die Behebung ungenügender Leistungserbringung (Kap. 8.7) und für die Initiierung von Verbesserungsmaßnahmen (Kap. 10.3). Überdies sind die Ergebnisse der Datenanalyse ein wichtiger Input für die Management-Bewertung (Kap. 9.3).

9.2 Internes Audit

Organisationen mit ISO 9001 Zertifizierung müssen ihre Prozesse mittels interner Auditierung überwachen. Dieses Instrument dient dem Zweck zu prüfen, ob die betrieblichen Prozesse und Verfahren in der täglichen Praxis gelebt und den Anforderungen der ISO 9001 sowie aller weiteren Vorgaben gerecht werden. Mit dem Audit hat die Geschäftsführung ein Instrument mit strukturierter und unabhängiger Untersuchungssystematik an der Hand, das Informationen über die Wirksamkeit und die Leistungsfähigkeit des QM-Systems liefert. Zugleich lassen sich mit Hilfe der internen Auditierung Schwachstellen und Zielabweichungen in der betrieblichen Aufbau- und Ablauforganisation aufdecken und Verbesserungsmaßnahmen initiieren.

Den Ausgangspunkt aller Audit-Aktivitäten bildet das normenseitig vorgeschriebene Auditprogramm. Es definiert die Audit-Basis und gibt vor,

- wo (in welchen Bereichen),
- in welchen Intervallen und in welchem Umfang sowie
- mit welcher Audit-Art (System-, Prozess- oder Produktaudit)

auditiert wird. Das Auditprogramm erfüllt damit den Zweck einer Strukturierung der internen Auditierung. Mit diesem wird sichergestellt, dass regelmäßig alle Bestandteile des QM-Systems mittels interner Audits überprüft werden. Das Auditprogramm ist ein vergleichsweise statisches Dokument, das zwar jährlich überprüft, meist jedoch nicht oder nur geringfügig angepasst wird. Demgegenüber steht der Auditjahresplan in dem Termine, Auditoren sowie zu auditierende Prozesse und Abteilungen konkret ausgeplant sind. Bei kleineren und mittleren Unternehmen bilden Auditplanung und Auditprogramm oftmals ein Dokument.

Häufiger Anlass zur Diskussion bildet die Audit-Häufigkeit. Die Norm macht hierzu keine konkreten Angaben. Es herrscht jedoch unter den Zertifizierungsauditoren die Meinung, dass jedes Normenkapitel und jeder Prozess mindestens einmal im Zertifizierungszyklus von 3 Jahren auditiert werden muss. Kernprozesse und das Qualitätsmanagement sind jährlich zu auditieren.

Bei normenkonformen internen Audits muss es sich im Kern um Systemaudits handeln, weil die Wirksamkeit des QM-Systems nur so beurteilt werden kann. Sinnvoll ist es jedoch, auch Züge eines Verfahrens z. T. verknüpft mit Elementen eines Produktaudits anzuwenden, um den Abstraktionsgrad zu reduzieren. Hierdurch wird zudem die Verständlichkeit und die Akzeptanz bei den auditierten Personen gesteigert.

Auf Basis der Auditplanung werden unterjährig schließlich die Audits durchgeführt. Diese sind in Hauptelemente zu untergliedern:

- Auditvorbereitung
- Auditdurchführung
- Auditnachbereitung und Verfolgung der Beanstandungen

Auditvorbereitung

Am Beginn steht die Auditvorbereitung. Diese umfasst vor allem die Erstellung und Verteilung des Auditplans sowie ggf. notwendige Abstimmungen, z. B. mit Ansprechpartnern, zu Schwerpunkten oder zeitlichen Änderungen, um den Organisationsablauf nicht unnötig zu beeinträchtigen. Aus Normenperspektive ist bei der Vorbereitung vor allem darauf zu achten, dass die Ergebnisse früherer Audits berücksichtigt werden, um ggf. die Prüfschärfe im Umfeld bisheriger Beanstandungen zu intensivieren. Unter Umständen kann es auch bei internen Audits sinnvoll sein, ein Vorgespräch mit den betroffenen Führungskräften zu führen, um diese angemessen vorzubereiten.

Auditdurchführung

Zur Audittechnik werden auch in der ISO 9001 keine spezifischen Vorgaben gemacht. In der ANMERKUNG wird auf die ISO 19011, den Leitfaden für Audits von QM-Systemen verwiesen. Eine günstige Alternative bilden Unterlagen von Auditorenkursen oder Fachbücher, die meist gleichwertige Informationen bieten.

Wichtig ist, dass die Auditoren qualifiziert sind, ihre Aufgabe wahrzunehmen. Die Ergebnisqualität von Audits steht und fällt mit der Auditorenqualifikation. Daher muss gerade bei KMU im ersten Zertifizierungsaudit damit gerechnet werden, dass die Qualifikation des internen Auditors geprüft wird. Da der Auditor seine Aufgabe bei dieser Organisationsgröße oft in Personalunion mit dem QMB wahrnimmt, dient diese Prüfung auch dem gegenseitigen Kennenlernen. Die Qualifikation sollte mittels Zertifikat oder durch ausreichende berufliche Erfahrung nachgewiesen werden können (auch wenn beides nicht notwendigerweise eine Aussage über die tatsächliche Befähigung zulässt).

Alternativ zu eigenen Auditoren ist es möglich und gängige Praxis, aus Kosten- und Know-how Gründen für 2–3 Tage pro Jahr auf die Unterstützung durch einen externen

Auditor zurückzugreifen. Für KMU bietet dies einen erheblichen Vorteil, weil externe Auditoren oft über einen anderen, erfahreneren Blick verfügen. Vor allem wird mit einem Externen deutlich der notwendige Grundsatz der Neutralität und Unabhängigkeit der Auditoren Rechnung getragen. Dies gilt insbesondere für den Bereich des Qualitätsmanagements, denn der Auditor darf seine eigene Tätigkeit nicht auditieren (Kap. 9.2.2 c). Sind QMB und Auditor in Personalunion, muss für die Auditierung des Qualitätsmanagements ein zweiter qualifizierter Mitarbeiter, der nicht dem Qualitätsmanagement zugeordnet ist, diesen Bereich auditieren. Großorganisationen indes führen ihre internen Audits vielfach mit eigenen Vollzeit-Auditoren durch. Nur selten oder nur punktuell wird auf externe Auditoren zurückgegriffen.

Sind Organisationsteile oder Standorte aus dem Zertifikatsumfang ausgeschlossen, so müssen diese aus Normensicht nicht über das Auditprogramm erfasst und damit nicht auditiert werden. Gleiches gilt im Normalfall auch für die Buchhaltung und die operativen Finanzprozesse. Davon unbenommen kann hier seitens der Geschäftsführung ein von der Norm losgelöstes Interesse an einer regelmäßigen internen Auditierung bestehen.

Auditnachbereitung und Verfolgung der Beanstandungen

Im Anschluss an das Audit erstellt der Auditor den Auditbericht. Hierfür ist idealerweise ein einheitliches Format (d. h. ein Formblatt „Auditbericht" inkl. einiger Textbausteinen) zu verwenden, dass inhaltlich folgende Bestandteile umfassen sollte:

- Basisinformationen (Durchführungszeitraum, auditierte Abteilung, Auditor, Beteiligte),
- Zusammenfassung des Audits/Audit-Inhalte,
- Abweichungen, Verbesserungspotenziale, Empfehlungen, Stärken,
- Unterschrift des Auditors und des Verantwortlichen der auditierten Abteilung,
- ggf. Unterschrift zur Kenntnisnahme der Geschäftsführung.

Sofern dies nicht bereits im Audit geschehen ist, sind für die Abweichungen Korrekturmaßnahmen mit Terminen und Verantwortlichkeiten zu definieren. Die Verantwortung für die Ursachenanalyse sowie für die Entwicklung und Umsetzung von Gegensteuerungsmaßnahmen obliegt i. d. R. den betroffenen Abteilungen, nicht dem Auditor. Betriebe die dieses ungeschriebene Gesetz nicht einhalten, müssen damit rechnen, dass die Auditoren weniger Auditbeanstandungen ausweisen. Stattdessen werden eigentliche Beanstandungen lediglich als Verbesserungspotenziale oder mündliche Ermahnungen ausgesprochen. Die Maßnahmen sind umgehend, d. h. im Normalfall binnen zwei bis vier Wochen, zu ergreifen. Dem Auditor fällt die Aufgabe zu, die fristgerechte und wirksame Beseitigung seiner Beanstandungen zu überwachen. Auch hat der Auditor aktiv zu werden, wenn schwere Abweichungen Auswirkungen auf andere Teile der Leistungserbringung haben oder dort ähnlich gelagert auftreten können (vgl. auch Normenkap. 10.2 b 3). Bisweilen gehört es in Organisationen zum betrieblichen Alltag, dass Audit-Findings nach Ablauf der Abarbeitungsfrist nicht erledigt wurden und dass auch Ermahnungen durch den Auditor wenig helfen. In diesem Fall muss der Auditor den Vorfall an die Geschäftsführung eskalieren.

Die Auditergebnisse sind einzeln oder in Form einer Zusammenfassung an das Top-Management zu übermitteln. Dies hat mindestens einmal jährlich im Rahmen des Management Reviews zu geschehen. In den meisten Organisationen gehen die Auditberichte jedoch auch unmittelbar nach deren Erstellung an die Geschäftsleitung und werden von dieser zwecks Nachweis der Kenntnisnahme unterschrieben.

Es ist nicht zwingend erforderlich, die interne Auditierung als dokumentiertes Verfahren schriftlich darzustellen. Dennoch werden nur KMU von dieser entfallenen Vorgabe betroffen sein. Denn Organisationen müssen einen beherrschten Auditprozess vorweisen können. Dies ist i. d. R. nur möglich, wenn ein schriftlich definiertes Soll-Vorgehen festgelegt wurde.

9.3 Managementbewertung

Die Geschäftsleitung muss regelmäßig sog. Managementbewertungen (auch: Reviews) durchführen. Dieser Begriff wird dabei bisweilen missverstanden, denn es wird nicht das Management bewertet, sondern die Geschäftsführung soll die Leistungsfähigkeit des QM-Systems beurteilen. Das Management-Review soll also der Organisationsleitung die Möglichkeit geben, sich einen aktuellen Überblick über den Status des betrieblichen Qualitätsmanagements zu verschaffen. Zugleich dient dieses Review dazu, Korrekturen und Verbesserungsmaßnahmen am QM-System anzuweisen. Wenn es auch nicht explizit durch die Norm vorgeschrieben ist, so bietet das Management-Review eine günstige Gelegenheit, die Qualitätspolitik auf fortdauernde Angemessenheit zu prüfen und bei Bedarf zu aktualisieren.

Die Norm macht keine Aussagen zum Rahmen und zur Häufigkeit von Management-Reviews. Gerade größere Organisationen führen diese monatlich oder quartalsweise durch. KMU beschränken sich für eine explizit qualitätsorientierte Organisationsbetrachtung meist auf eine jährliche Managementbewertung kurz vor dem Zertifizierungsaudit. Denkbar ist auch eine Trennung von Management-Reviews: Für operative Themen werden monatliche Managementbewertungen durchgeführt (Zielerreichung, Status Prozesskennzahlen). Für strategische Q-Themen werden zusätzlich halbjährliche oder jährliche Management-Reviews abgehalten (Status von internen und externen Themen, Risiken und Chancen oder Audits). Im Übrigen besteht kein Zwang sich in diesen Reviews ausschließlich mit Qualitätsthemen zu beschäftigen. Auch muss kann die Bewertung einen eigenen frei gewählten Namen tragen.

Eine zeitliche Nähe zum Audit hat sowohl für den QMB als auch für den Zertifizierungsauditor sehr praktische Gründe. So sind zum Audit alle erforderlichen Daten kurz zuvor aufbereitet worden und liegen strukturiert, vollständig und aktuell vor.

Wesentliche Aufgabe des Management-Reviews ist die Bewertung der mittel- und langfristig QM-relevanten Themen.

Wichtiger Bestandteil ist die Verpflichtung, sich mit internen und externen Entwicklungen (siehe Kap. 4.1 Kontext der Organisation und Kap. 4.2 Interessierte Parteien) auseinander zu setzen.

Darüber hinaus besteht die Vorgabe, die betrieblichen Risiken zu reflektieren. Dies kann z. B. mit Hilfe einer Risikomatrix entsprechend Abb. 2.2 erfolgen. Die überwachungs- und steuerungswürdigen Risiken sind im Management-Review zu bewerten. Falls Handlungsbedarfe identifiziert werden, sind Termine und Verantwortlichkeiten für eine Risikominimierung festzulegen und zu dokumentieren.

Neben den Risiken soll auch den Chancen eine strukturierte Aufmerksamkeit gewidmet werden. Im Fokus stehen dabei nicht nur Marktchancen, sondern auch Chancen für betriebliche Verbesserungen. Die Auseinandersetzung kann analog zur Risikomatrix mittels einer Chancendarstellung erfolgen.

Neben einer Reflexion der Chancen und Risiken verlangt die ISO 9001 eine Auseinandersetzung mit den Entwicklungen bei Lieferanten und wichtigen interessierten Parteien. Bei Lieferanten sind z. B. besondere Abhängigkeiten oder Qualitätsmängel zu thematisieren. Bei interessierten Parteien können beispielsweise die Folgen und Maßnahmen einer schlechten öffentlichen Wahrnehmung oder Aktivitäten aufgrund eigener Lieferverzögerungen zur Diskussion stehen.

Eine Managementbewertung muss stets einen Output aufweisen. Die Mindestanforderungen sind in Kap. 9.3.3 der Norm aufgeführt. Es sollen demnach Verbesserungsmaßnahmen und etwaige Entscheidungen im Hinblick auf das QM-System und die betrieblichen Ressourcen angewiesen werden. Wurden Ziele oder Vorgaben nicht erreicht, so sind wirksame Maßnahmen anzuweisen und deren Einleitung im Zertifizierungsaudit nachzuweisen. Wichtig ist hierbei die grundsätzliche Einhaltung des Plan-Do-Check-Act Kreislaufs.

Wenn auch nicht explizit durch die Norm vorgeschrieben, so empfiehlt es sich, dass das Ergebnis des Management-Reviews überdies einen Hinweis auf die Überprüfung bzw. Anpassung der Qualitätspolitik und Qualitätsziele beinhaltet.

Für eine ernsthafte Auseinandersetzung sind für das Management-Review etwa zwei bis vier Stunden anzusetzen. Teilnehmer dieses Meetings sollten neben der Geschäftsleitung und dem QMB auch die zweite Führungsebene sein. Ein derart breites Teilnehmerspektrum unterstreicht die „Management-Attention" für das Thema Qualität und überstrapaziert angesichts der Häufigkeit dieser Meetings sicher nicht die betrieblichen Kapazitäten. Seit der letzten Normenrevision 2017/2018 unterteilen viele Betriebe ihre Management-Bewertungen. Es werden dann jährliche Reviews mit den strategischen Themen und etwas weniger umfangreiche monatliche bzw. quartalsweise Bewertungen zur Beurteilung der Prozessleistung und Zielerreichung durchgeführt.

Als Präsentations-/Dokumentationsmedium bietet sich z. B. Powerpoint oder das MS-Word-Format an. Im Hinblick auf die Gliederung des Management-Reviews ist eine Reihenfolge entsprechend der Aufzählung in der Norm angeraten.

Wichtig ist, dass die Managementbewertung nicht nur vorbereitet und entsprechend der Normenanforderungen durchgeführt wird, sondern auch, dass die Ergebnisse dokumentiert und archiviert werden. Die Aufzeichnungen zum Management-Review werden bei jedem Zertifizierungsaudit geprüft.

Verbesserung 10

10.1 Allgemeines

Entsprechend den Vorgaben des Normenkapitels 10.1 müssen Organisationen, ihre Produkte und Dienstleistungen ebenso wie das QM-System selbst, wo immer möglich, verbessern. Damit sollen Kundenzufriedenheit und Wettbewerbsfähigkeit erhalten und ausgebaut werden. Wenngleich diese Normenforderung in ihrer deutlichen Formulierung neu ist, bleiben die Vorgaben in diesem Kapitel doch vergleichsweise unpräzise in Hinblick auf Art und Umfang geeigneter Aktivitäten.

Als Verbesserungen gelten neben solchen, die an Produkten und Dienstleistungen ansetzen, ebenso jene „klassischen" QM-Maßnahmen, die über den QMB identifiziert und gesteuert sowie über die Managementbewertung initiiert werden. Gute, zertifizierungstaugliche Verbesserungsmaßnahmen müssen aber nicht notwendigerweise unter der QMB-Kontrolle ablaufen. So finden viele wertige Verbesserungen auf der operativen Ebene aufgrund von Beobachtungen des betrieblichen Alltags ohne Einbindung des Qualitätsmanagements statt. Auch Reorganisationen, Investitionen in Personalstärke oder -qualifikation sowie Infrastrukturmaßnahmen gelten üblicherweise als (strategische) Verbesserungsmaßnahmen. Weitere Beispiele sind die Neuordnung des Produktionsablaufs, die Anweisung eines Trainingsprogramms oder die Entscheidung zum Kauf einer neuen, leistungsfähigeren Maschine.

Ob die ständige Verbesserung formalisiert stattfindet oder weitestgehend auf mündlicher Abstimmung beruht, eine starke QM-Orientierung innehat oder unter einem anderen „Namen" mehr informell stattfindet, spielt aus Normensicht keine Rolle.[1] Es zählt allein die Wirksamkeit des Vorgehens. Um der Normanforderung gerecht zu werden, kann also

[1] Ein formalisiertes Vorgehen sollte mit zunehmender Organisationsgröße jedoch an Bedeutung gewinnen.

M. Hinsch, *Die ISO 9001:2015 – Ein Ratgeber für die Einführung und tägliche Praxis*,
https://doi.org/10.1007/978-3-662-56247-5_10

auch ein Klima oder eine Kultur zur Veränderungs- und Optimierungsbereitschaft verbunden mit einigen kleineren Verbesserungsbeispielen ein ausreichender Nachweis sein. Es werden ohnehin keine revolutionären Verbesserungen erwartet. Das Konzept der ständigen oder kontinuierlichen Verbesserung beruht auf kleinen Schritten.

Eine große Zahl verschiedener Aktivitäten und Maßnahmen ist also geeignet, um den Anforderungen des Kap. 10.1 gerecht zu werden. Das größte Problem in Zertifizierungsaudits ist oftmals, dass es der Geschäftsleitung oder dem QMB schwerfällt, unternehmerische Aktivitäten des abgelaufenen Jahres als Verbesserungsmaßnahmen zu identifizieren und als solche zu klassifizieren. Viele kleinere Maßnahmen bleiben aufgrund ihrer Häufigkeit und Selbstverständlichkeit oft unerwähnt. Auch Investitionen in ein neues Gerät, Reorganisationen oder der Aufbau von Personal werden oftmals nicht genannt, wenngleich es sich hier meist um Verbesserungsmaßnahmen handelt. Das Feld ist hier weit und so sollte hier lieber zu viel als zu wenig genannt werden. Bremsen kann der Zertifizierungsauditor das Mitteilungsbedürfnis der Auditierten schließlich jederzeit.

10.2 Non-Konformitäten und Korrekturmaßnahmen

Im betrieblichen Alltag werden Fehler oder Vorkommnisse schnell behoben, um möglichst rasch wieder auf den Pfad der Produktions- oder Leistungsziele zurückzukehren. Dabei gerät jedoch der Blick auf die tieferen Ursachen, auf Fehlermuster, wie z. B. Häufungen oder Ähnlichkeiten, ins Hintertreffen. Ein wesentliches Instrument des Verbesserungswesens verliert so an Wirkungskraft, denn in einem solchen Umfeld können nur schwer Nachhaltigkeit sichergestellt oder Lerneffekte ausgeschöpft werden. Von daher verlangt die Norm ein systematisches Vorgehen für die Behebung von Nichtkonformitäten. Da das Eingreifen erst nach einer Abweichung stattfindet, handelt es sich hier um ein reaktiv ausgerichtetes Verfahren. Abb. 10.1 zeigt hierfür eine beispielhafte Prozessdarstellung.

Nach Identifizierung eines Fehlers, einer Nichtkonformität oder einer Kundenbeschwerde[2] sind Maßnahmen der weiteren Schadensbegrenzung, der Ursachenanalyse, der Behebung sowie ggf. der Vorbeugung zu ergreifen. Die dafür notwendigen Schritte sind wesentlich in der Aufzählung von Kap. 10.2.1. b) beschrieben: Wenn notwendig, sind Sofortmaßnahmen zu ergreifen. Der Fehler ist zu bewerten. Hier geht es darum, zu bestimmen, welche Produkte und Leistungen betroffen sind (z. B. Charge oder Seriennummern, bearbeitetes Dokument oder betroffener Kunde/Auftrag). Es ist dann zu ermitteln, wie schwerwiegend der Fehler ist (z. B. Ausmaß oder Auswirkung auf Kunden). Hierzu zählt insbesondere die Prüfung, ob aufgrund des identifizierten Fehlers auch weitere Produkte oder Leistungen den Anforderungen nicht entsprechen.

[2] Im Folgenden kurz: Fehler.

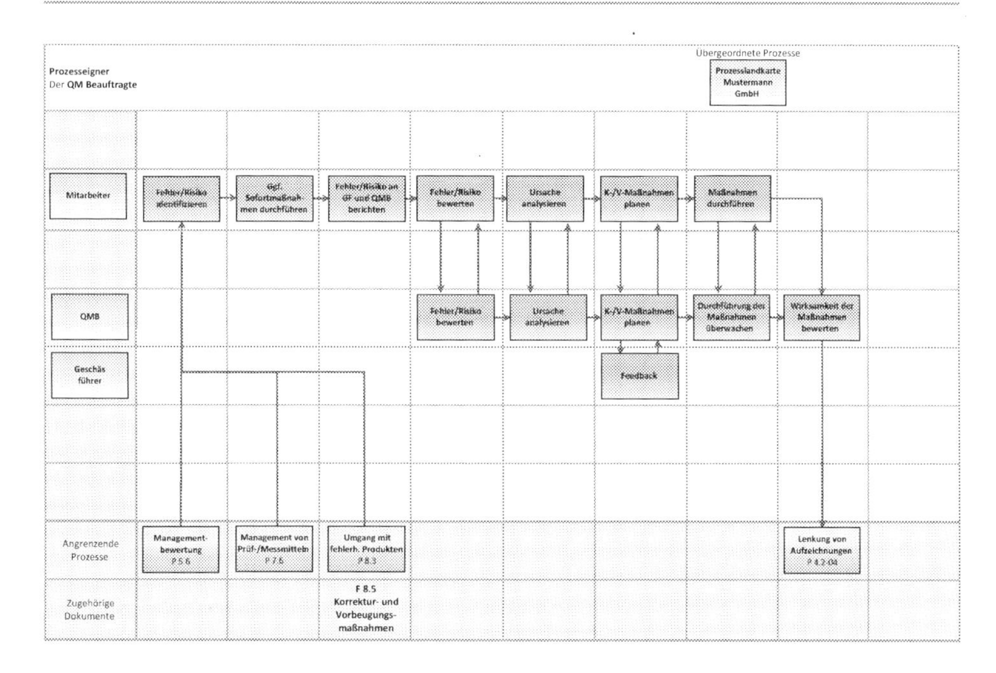

Abb. 10.1 Prozessdarstellung Korrekturmaßnahmen. (Ähnlich Hinsch 2018, S. 157)

Ein sehr wichtiger Schritt im Zuge von Korrekturmaßnahmen ist die Ursachenanalyse Hier kommen z. B. Produktions- oder Konstruktionsfehler, Defizite bei den Ressourcen, Fehler in den Vorgaben, menschliche Fehler und vieles mehr in Frage. Nur wenn die exakte Fehlerursache bekannt ist, können geeignete Maßnahmen eingeleitet werden, die sicherstellen, dass der Fehler korrigiert wird und nicht erneut auftritt bzw. das Risiko akzeptabel gemindert wird. Dazu müssen neben den Ursachen auch die Fehlerquelle, der Fehlerzeitraum, die Verantwortlichkeiten und Fehlereinflüsse ermittelt werden. Mit der Ursachenermittlung ist die Bestimmung der Auswirkungen unmittelbar verknüpft, damit der Handlungsbedarf für eine vollständige Fehlerkorrektur und -beseitigung definiert werden kann. In diesem Zuge ist zu prüfen, ob die Abweichung auch bei einem anderen Produkt, Prozess, Mitarbeiter, Maschine etc. aufgetreten ist oder auftreten kann. Es ist also festzustellen, ob es sich um eine zufällige Abweichung oder einen systematischen Fehler handelt. Für solche Auswertungen verwenden die viele Betriebe ein 5D oder 8D Reporting.

Dennoch ist die Ursachenanalyse in der betrieblichen Praxis in den meisten Betrieben nicht ausreichend. Es werden nur die Symptome identifiziert, nicht aber die wahren Ursachen. Wenngleich sich nicht alle Vorkommnisse tiefgehend analysieren lassen, so ist ein gänzlicher Verzicht auf 5W- oder Ishikawa Ermittlungen ebenfalls nicht angemessen.

Sobald die Fehlerauswirkungen vollumfänglich ermittelt wurden, sind gem. Kap. 10.2.1 c) wirksame Korrekturmaßnahmen abzuleiten und umzusetzen. Bei den Maßnahmen kann es sich z. B. handeln um:

- Anpassung von Vorgaben an die Organisationsabläufe,
- Adjustierung am QM-System,
- Neuausrichtung in Trainingsinhalten,
- Änderung von Materialvorgaben,
- Designänderungen,
- Lieferantenwechsel.

Um die Wirksamkeit der Korrekturmaßnahmen zu ermitteln (Kap. 10.2.1 d), ist nach deren Umsetzung eine Bewertung vorzunehmen (z. B. auf Basis eines Vergleichs entsprechender Daten vor und nach der Korrektur). Dabei sind während des Umsetzungsprozesses etwaige Risiken und Chancen im Auge zu behalten und ggf. weitere Maßnahmen abzuleiten (Kap. 10.2.1 e).

Abschließend ist sicherzustellen, dass der Fehler selbst, die ergriffenen Maßnahmen sowie deren Ergebnisse dokumentiert werden.[3]

Da Organisationen ein nachvollziehbares Vorgehen für die Fehlerbehebung vorweisen müssen, sollte auf eine zugehörige Prozessbeschreibung nicht verzichtet werden.

10.3 Fortlaufende Verbesserung

Dieser Normenabschnitt ist eine explizit auf die Bestandteile des QM-Systems ausgerichtete Aufforderung zur Verbesserung. Im Kern zielen die hier genannten Anforderungen darauf ab, die Leistungsfähigkeit des QM-Systems und somit aller an der Wertschöpfung beteiligten Prozesse systematisch und aktiv zu verbessern.

Um Verbesserungen zu identifizieren, sollen Informationen aus Audits, Managementbewertungen sowie Auswertungen von Prozessmessungen und andere Qualitätsparameter helfen.

Für die Analyse der Potenziale und der Ableitung geeigneter Maßnahmen sollten wo angemessen, anerkannte Qualitätsmanagementmethoden wie 8D-Reports, FMEA-Analysen oder das 5W-Vorgehen angewendet werden. In der betrieblichen Praxis wird auf eine systematische Ursachenanalyse und Maßnahmenbestimmung noch zu oft verzichtet, so dass in vielen Fällen zwar Symptome, nicht aber die tatsächlichen Ursachen von Organisationsdefiziten beseitigt werden. Es steht zu erwarten, dass Organisationen, die bisher nicht über das notwendige Know-how verfügen, dieses zukünftig stärker aufbauen und anwenden müssen.

[3] Für die Abarbeitung und Aufzeichnung von Korrekturmaßnahmen empfiehlt es sich daher ein Formblatt vorzuhalten.

Literatur

Deutsches Institut für Normung e. V.: *ISO 10007:2004 Qualitätsmanagementsysteme – Leitfaden für Konfigurationsmanagement*. Berlin 2004

Deutsches Institut für Normung e. V.: *DIN EN ISO/IEC 17021 – Anforderungen an Stellen, die Managementsysteme auditieren und zertifizieren*. ISO/IEC 17021:2011-07, Berlin 2011

Deutsches Institut für Normung e. V.: *DIN EN ISO 19011:2011 – Leitfaden zur Auditierung von Managementsystemen*. DIN EN ISO 19011: 2011-12, Berlin 2011

Deutsches Institut für Normung e. V.: *ISO/DIS 9001:2014 – Entwurf Qualitätsmanagementsysteme – Anforderungen*. prEN ISO 9001-2014, Berlin 2014

Deutsches Institut für Normung e. V.: *DIN EN ISO 9001:2008 Qualitätsmanagementsysteme – Anforderungen*. Berlin 2015

Deutsches Institut für Normung e. V.: *DIN EN ISO 9001:2015 Qualitätsmanagementsysteme – Anforderungen*. Berlin 2015

Deutsches Institut für Normung e. V.: *DIN EN ISO/IEC 17025:2018-03 Allgemeine Anforderungen an die Kompetenz von Prüf- und Kalibrierlaboratorien*. Berlin 2018

Franke, H.: *Das Qualitätsmanagement-System nach DIN EN ISO 9001*. Renningen 2005

Hinsch, M.: *Qualitätsmanagement in der Luftfahrtindustrie – Ein Praxisleitfaden für die Luftfahrtnorm EN 9100*. Berlin, Heidelberg 2014.

Hinsch, M.: *Industrielles Luftfahrtmanagement – Technik und Organisation luftfahrttechnischer Betriebe*. 3. Aufl. Heidelberg. Berlin 2017.

Hinsch, M.: *Qualitätsmanagement in der Luftfahrtindustrie – EN 9100:2016 – Einführung und Anwendung in der betrieblichen Praxis*. 3. Aufl. Berlin, Heidelberg 2018.

Hofmann, M.; Hinsch, M.: *Konfigurationsmanagement – Systematisches Vorgehen zur Bauzustandsverfolgung über den gesamten Produktlebenszyklus*. In: Impulsgeber Luftfahrt – Industrial Leadership durch luftfahrtspezifische Aufbau- und Ablaufkonzepte 2013. Berlin/Heidelberg. S. 69–94

International Organization for Standardization: *ISO 9004:2018-04 Qualitätsmanagement – Qualität einer Organisation – Anleitung zum Erreichen nachhaltigen Erfolgs*. Genf 2018

M. Hinsch, *Die ISO 9001:2015 – Ein Ratgeber für die Einführung und tägliche Praxis*,
https://doi.org/10.1007/978-3-662-56247-5

Stichwortverzeichnis

M. Hinsch, *Die ISO 9001:2015 – Ein Ratgeber für die Einführung und tägliche Praxis*,
https://doi.org/10.1007/978-3-662-56247-5